KB169937

# 진작 아이한테
# 이렇게 했더라면

11년 차 부모 교육 전문가가 알려주는
아이와의 본질적인 사랑 회복법

# 진작 아이한테 이렇게 했더라면

안정희 지음

프롤로그

# 아이와 잘 지내고 싶은 세상의 모든 엄마들에게

"그 강사님 유명하신 분인가요?"

강의를 가는 기관의 담당자들에게 간혹 듣는 말이다. 담당자들이 강의 안내를 하면 전화로 가장 많이 묻는 말이 내가 유명한 강사인지, 아닌지 여부라고 한다.

강의를 시작한 지 올해로 11년 차다. 강의나 상담 횟수만 더해봐도 족히 2,300회는 된다. 10년 넘게 꾸준히 강의를 이어온 비법은 한 번 강의를 들으면 다시 요청이 오거나 다른 기관이나 학교로 소개해주기 때문이다. 이처럼 나름 언더에서는 잘나가는 강사다. 그런데 대외적으로 유명하지는 않다. 이유는 간단하다. 나는 아날로그 인간이다. 50년 넘게 그 흔한 블로그도 SNS도 안 했다. 강의를 하다 보면 이에 대해 불만을 토로하는 학습자들이 많다. 강의를 찾아가서 듣고 싶은데 안내가 없단다. 그나마 책을 내기로 마음먹고 시작했다. 몇 달 되었지만 여전히 나에게는 낯설고 어색하다. 나 혼자 SNS상에서 이방인처럼 겉돌 때가 많다.

50년 넘게 아날로그를 고집하며 버틴 이유는 간단하다. 사람과의 관계는 서로 눈을 바라보며 접촉하는 거라고 믿기 때문이다. SNS상의 소통은 말과 이모티콘만 있으면 충분하지만, 인간관계는 말만으로는 부족하다. 말만으로 나를 표현하고 상대방을 이해하기는 어렵다. 눈을 맞추고 호흡을 느끼며 나누는 이야기 속에 진솔함이 묻어 있다. 간혹 문자나 메일로 고민을 상담하는 학습자도 있지만, 실제 마주 앉은 것보다 덜 절박하거나 덜 현실적으로 와닿는다. 부모와 자녀 사이도 마찬가지다. 지극히 아날로그적인 방식이지만 놓쳐서는 안 되는 중요한 무언가가 분명히 있다.

나는 부모 교육 전문가로서는 11년 차지만 부모로서는 23년 차다. 부모 교육 전문가 이전에 대학생 딸 둘을 키우는 평범한 엄마다. 대학에서 영어를 전공하고 관련 업무를 11년 넘게 했다. 그동안 결혼을 했고 아이를 낳았지만 '부모'라는 개념은 없었다. 해외 출장이 잦은 딸을 위해 친정 엄마가 2년 동안 큰아이 지현을 전적으로 돌봐주셨고, 둘째 수현을 낳으면서 일을 그만두게 되었다.

사실 수현을 낳기 바로 전날까지 일을 했다. 그리고 출산과 동시에 하루아침에 아이 둘을 키우는 전업주부가 되었다. 부모라는 개념도 없이 한꺼번에 두 아이를 키우는 일은 녹록지 않았다. 초기에는 우울증이 와서 일주일가량 씻지 않은 적도 있었다. 우울증에서 겨우 벗어나자 그제야 주변 엄마들이 보이기 시작했고, 무얼 해야 하는지 감이 왔다. 그때부터 다른 엄마들이 하는 건 다 해봤다. 좋다고 소문난 건 놓치지 않고 따라 하다 보니 아이들이 내 속도에 못 미친다는 생각에 초조해졌다. 다그치고 혼내면서 끌고 갔다.

그러던 중 지현에게 아토피 피부 질환이 생겼다. 유치원에 들어가서부터 생기기 시작하더니 점점 더 심해졌다. 이것저것 다 해봤지만 호전되지 않았다. 그즈음 진지하게 이민을 생각했고 공기가 좋다는 뉴질랜드를 택했다. 일단 몇 달 살아볼 요량으로 남편만 서울에 두고 두 아이와 뉴질랜드로 떠났다. 그렇게 뉴질랜드에서 아이들과 오롯이 석 달 반을 지냈다. 지현은 7살, 수현은 5살이었다. 아무런 연고도 없는 낯선 나라에서, 아이들과 단 셋이서 생활하는 3개월 넘는 시간 동안 참으로 많은 변화를 겪었다. 나와 아이들밖에 없었다. 비교할 사람도 없었다. 딱히 해야 할 일도 없었다. 그저 아이들과 뒤엉켜 일상을 만들어갔다. 이곳에서 아이를 돌볼 사람은 온전히 나 한 사람이었다. 한시도 아이들에게서 눈을 뗄 수가 없었다. 그때가 아마 아이를 가장 많이 관찰하지 않았나 싶다. 몰랐던 아이들의 모습과 성향이 눈에 들어왔다. 새로운 환경에 빠른 속도로 적응해가는 그들을 보면서 감탄하고 놀라기를 반복했다. 내가 생각한 것보다 훨씬 더 강하고 유연하고 자발적이었다. (오히려 나는 겁이 나서 엄두를 못 내던 일들을 아이들은 선뜻 해내는 모습을 보며 놀랄 때도 참 많았다) 나는 그저 아이들이 위험하지 않도록 돌보고, 필요에 따라 움직여줄 뿐이었다. 무엇보다 아이들의 말에 귀 기울이고, 아이들의 필요와 요구에 온 신경을 쏟았다. 때론 그들이 나에게 든든한 버팀목이 되어줬다. 뉴질랜드에서의 생활 이후 많은 것들이 변했고, 아이들과의 관계는 더 끈끈해졌다. 비록 기대한 만큼 아토피 증상이 호전되진 않았지만, (생각지도 않았던 꽃가루 알레르기가 있었다) 오히려 귀국하고 나서 증상이 점차 좋아졌다. 이후로도 1년에 한 번씩 한 달가량 아이들과 '외국에서 생활하기 프로젝트'를 진행했다. 필리핀, 말레이시아, 싱가포르, 일본, 호주 등을 여행했다.

아쉽게도 지현이 중학교에 올라가면서 장기 여행은 여건상 어려워졌지만, 여행은 아이들에게도 나에게도 귀하고 값진 경험이었다. 다양한 환경에서의 체험은 아이들을 보는 나의 관점을 바꿔놓았다. 아이들의 속도가 각자 다름을 이해했고, 세상을 해석하는 방식도, 문제를 풀어가는 방법도 다름을 깨달았다. 무엇보다 부모 역할에 대한 답을 어렴풋이 찾았고, 그 답에 대해서 체계적으로 공부하고 싶어졌다.

여행 후 지현이 초등학교에 입학하면서 본격적으로 부모 교육을 시작했다. 상담 심리학과 미술 치료를 전공하고 대학원에서는 에니어그램 상담 심리를 연구했다. 찾아가는 학부모 교육은 11년째, 찾아가는 상담은 5년 정도 진행해오고 있다. 교육은 학교나 관련 기관 등으로 찾아가서 진행하는 게 당연한 것처럼 보이는 반면, 찾아가는 상담은 대체로 낯선 듯하다. 상담은 심리적 문제를 겪는 사람이 자발적으로 상담실을 찾아오는 경우가 일반적이다. 그런데 왜 굳이 찾아가는 상담을 하는 걸까? 이유는 간단하다. 상담이 필요하지만 스스로 문제가 없다고 생각하는 엄마들과 무기력하고 우울해서 상담실까지 오기 힘든 엄마들이 많기 때문이다.

찾아가는 상담은 실제 가정에서 진행되는 경우가 많다 보니 기존의 상담 형태가 아니라 '체험, 삶의 현장'이 되는 경우가 빈번하다. 밀폐된 상담실에서는 평소에는 보기 힘든 엄마와 아이들의 관계성이 가감 없이 적나라하게 드러난다. 무엇보다 엄마와 아이가 어떻게 소통하고 반응하는지가 생생하게 보인다. 예를 들어 말로는 아이의 이야기를 최대한 들어주려고 애쓴다는 엄마는 아이의 행동 끝마다 명령과 지시를 반복한다. 심지어 군더더기 없이 "홍!

길!동!"이라고 아이 이름만 힘줘 부르면, 아이는 즉각 자신이 무엇을 해야 하는지 알아차릴 정도다. 마치 군대 내무반 같은 분위기다. 문제는 이처럼 잘 훈련된 아이가 집만 나서면 고삐 풀린 망아지가 된다는 점이다. 이 아이는 학교 내에서 폭력적인 문제로 상담이 의뢰된 경우였다.

이런 경우, 제한된 상담 공간에서 엄마의 말에만 의존했다면 문제의 뿌리를 찾기 어려웠을지도 모른다. 말로 걸러지지 않는 중요한 단서는 고스란히 현장 곳곳에 흩뿌려져 있다. 사실 말이 '찾아가는 상담'이지, 문제가 벌어지는 현장에서 상담이 진행되다 보니 상담 반 교육 반, 그리고 거기에 체념이 약간 얹어지는 경우가 허다하다. 당황스러워서 현장에서는 미처 생각하지 못한 솔루션이 뒤늦게 떠올라 안타까울 때도 있었다.

무엇보다 5년 동안 찾아가는 상담을 진행하면서 깨달은 바는 아이와 갈등을 겪는 엄마들에게 공통점이 있다는 사실이다. 그들은 대체로 잘 웃지 않는다. 처음부터 잘 웃지 않았는지, 갈등 때문에 웃음을 잃었는지 여부는 알 수가 없다. 엄마가 이마에 내 천川자를 그리며 바라볼 때 아이 마음에는 깊은 주름이 진다. 엄마가 바라봐주는 대로 아이는 자란다. 엄마가 아이에게 제대로 눈길조차 주지 않거나, 살갑게 어루만지거나 접촉하지 않으면, 아이들은 정서적으로 결핍감을 느낄 수밖에 없다. 이처럼 아이의 문제 행동이면에는 '시선 결핍'이나 '접촉의 부재'가 있는 경우가 다반사다. 마찬가지로 엄마가 분노나 경멸의 눈빛으로 아이를 바라볼 때도 아이는 수치심과 굴욕감을 느끼며, 이는 고스란히 문제 행동으로 이어진다.

가히 빛의 속도로 변하는 세상이다. 모든 게 하루가 다르게 변한다. 우리의 의지와 상관없이 변화는 지속될 것이고 개인은 시대 흐름에 발맞춰 가야 한다. 이게 커다란 물줄기라면 혼자 강한 물살을 거슬러 상류로 헤엄쳐 가는 건 힘들다. 그러나 세상이 전부 변한다고 해도 변하지 않는 게 있다. 바로 부모 자녀 관계다. 인간은 누구나 연결되고자 하는 욕구를 타고나며 연결이 될 때 비로소 안전감과 안정감을 느낀다. 성장하는 아이는 물리적으로도, 정서적으로도 누군가와 반드시 연결되어야 하며, 어딘가에 안정적으로 소속되어야 한다. 아무 데도 소속되지 못할 때 고립감을 느끼고 삶이 피폐해진다. 야생 동물들도 무리에서 떨어지면 포식자들의 표적이 되기 쉽다. 무리와 연결되지 않는다는 것은 생존의 위협을 의미한다.

지금껏 부모는 아이와의 연결을 위해 부단히 노력해왔으며, 그 중심에 '말공부'가 있었다. 그러나 말만으로 두 사람이 연결되는 데는 한계가 있다. 누구나 성장하는 과정에서 반드시 필요한 게 바로 접촉이다. 살아 숨 쉬는 인간에게 꼭 필요한 것은 호흡하고 느끼고 접촉하는 일이다. 손을 잡거나 안아주는 것뿐만 아니라, 서로 눈을 맞추고 끄덕여주고 웃어주는 것도 필요하다. 즉, 물리적 접촉뿐만 아니라 심리적 접촉도 포함한다. 접촉은 부모와 자녀를 연결시켜준다. 변연계가 신체적 접촉뿐만 아니라 정서적 접촉에 의해서도 많은 건강한 자극을 받고 발달한다는 사실은 이미 밝혀진 바 있다. 연결이 끊어진 아이들은 여러 심리적, 정서적 문제를 앓을 수밖에 없다. 수많은 엄마들이 아이들과 갈등을 겪는 이유는 바로 이 '기본'을 놓치고 있기 때문이다. 그래서 그 기본을 이야기하려고 한다. 읽고 나면 '다 아는 내용인데?'라는 생각이 들 수도 있다.

엄마라면 누구나 소통이나 공감에 대해서 귀에 딱지가 지도록 듣고 공부했다. 그래서 다 안다고 생각한다. 그런데 잘 안 된다. 특히 아이가 어렸을 때는 그럭저럭 문제없이 잘 지내왔는데, 아이가 초등학교에 들어가면서 내지는 초등학교 고학년이 되면서 '어 이게 뭐지?'라는 생각에 휘청거린다. "아이가 사춘기가 되더니 달라졌어요"라고 말한다. 사실 사춘기가 아이를 몽땅 바꿔놓은 게 아니다. 아이는 이미 오래전부터 서서히 달라지고 있었는데 엄마만 모를 뿐이다. 당황한 엄마는 무턱대고 사춘기에만 엄중히 죄를 묻는다. 초4병, 중2병이라는 명목으로 아이들을 같은 병동에 가두고, 뭘 어떻게 해야 할지 모르겠다고 아우성이다. 요즘은 사춘기가 빨라져 초등학교 고학년만 되어도 아이들의 변화를 직감한다. 이처럼 아이들의 갑작스러운 변화에 우왕좌왕하는 엄마들, 사춘기 아이들과 도무지 말이 안 통해 속 터지는 엄마들, 아이들이 왜 이러는지 몰라 난감한 엄마들, 이 모든 허들을 가뿐히 뛰어넘고 우리 아이와 관계를 회복하고 싶은 모든 엄마들에게 이 책을 바친다. 아직 아이와 별문제를 못 느끼고 있지만, 앞으로도 안정된 관계를 쭉 유지하고 싶은 엄마 역시 꼭 읽어보기를 권한다. 엄마는 별문제가 없다고 느끼고 있지만 아이는 아닐 수도 있다. 유비무환이다. 어쩌면 아이 문제의 뿌리는 영유아부터 시작되는 경우도 많기 때문에, 그런 의미에서 이 책은 자녀를 키우는 엄마라면 누구나 꼭 읽어봐야 할 책이라 감히 말한다.

책의 제목을 고민 끝에 『진작 아이한테 이렇게 했더라면』이라고 지었다. 만약 제목만 보고 이 책을 집어 들었다면, 어쩌면 당신의 마음속은 후회와 미안함으로 가득 차 있을지도 모른다. 그래서 양육이 마냥 무겁고 버거울지도 모른다. 사실 이 말은 강의나 상담이 끝날 때 엄마들의 인사 뒤에 꼬리표처럼 들러붙는 것이기도 하지만, 개인적으로 내가 많이 내뱉는 말이기도 하다. 아이는 부모의 시간을 기다려주지 않는다. 부모가 어찌할 바 몰라 헤매는 사이 훌쩍 커버린다. 아이의 성장은 부모에게 뿌듯함을 안기지만, 그에 못지않게 많은 후회도 덤으로 남긴다. 이 책은 아이와의 일상에서 다람쥐 쳇바퀴처럼 '화내고 후회하는', '무시하고 후회하는', '상처 주고 후회하는' 엄마들을 위한 솔루션이다. 후회 없는 양육은 불가능하다. 인간은 같은 실수를 반복하지만, 그 반복된 실수를 통해 성장한다. 적어도 후회가 '탓'으로 끝나지 않기를 바라는 간절한 마음으로 한 글자 한 글자 엮었다.

이 책을 펼친 여러분은 엄마라는 존재로 이미 충분히 훌륭하고 아름답다. 아이를 낳는 순간 양육이라는 가치 있는 여행에 첫발을 디뎠다. 그 출발점은 비록 낯설고 서툴지만, 도착지는 확신과 기쁨으로 가득하길 기대해본다. 첫 장을 넘길 때의 그 무거움이 마지막 장을 덮을 때는 한결 가벼워지기를 바란다. 무엇보다 이 책의 마지막 페이지를 넘길 때는 양육과 관련된 모든 자원이 이미 엄마 안에 있음을 깨닫게 되기를 또한 바란다. 소망하건대, 아이와 엄마 모두가 행복한 세상을 만드는 데 이 책이 아주 작은 씨앗이 되었으면 좋겠다.

마지막으로 이 책 전반에 걸쳐 '엄마'라는 호칭을 사용하지만, 엄마만을 의미하지는 않으며 아빠를 포함하여 아이를 밀접하게 돌보는 양육자 전부를 뜻한다는 사실을 미리 밝혀두고자 한다.

차례

## 3장 눈 맞춤, 관계의 양과 질을 정하다

## 마음 맞춤, 엄마와 아이의 감정을 연결하다

# 엄마도 마음이 힘들 때가 있다

1장

# 엄마의 시선에서
# 이미 소통은 시작된다

# 소통을 원하지 않는 아이들

"우리 아이가 도대체 왜 그러는 걸까요?"

엄마들의 생기 없고 지친 표정 아래로 툭 던져지는 이 질문에 나는 이렇게 반문한다.

"글쎄요. 아이가 왜 그럴까요? 아이와 이야기를 해보셨나요?"

이렇게 물으면 대부분이 당황해하면서 "글쎄요. 아이가 말을 안 해서요. 아무래도 상담이나 치료가 필요하겠죠?"라고 걱정스럽게 말한다.

아이에게 열이 나면 이마를 짚어보고 해열제를 먹이거나 심한 경우 병원으로 간다. 아이가 배가 아프면 '엄마 손은 약손'이라며 부드럽게 마사지를 해준다. 그러나 아이의 마음이 아프면 엄마들은 어찌할 바를 모른다. 아픈 마음으로 인해 문제 행동이 나타나면 엄마들은 안절부절못하고 허둥대면서 교사나 심리 상담사 혹은 병원을 찾아 헤맨다. 도무지 어찌할 바를 모른다. 때론 정말 상담이 필요한 경우도 있지만, 내 경험상 들어만 주고 끄덕여만 줘도 해결되는 게 많다. 관심을 갖고 들어만 줘도 문제의 대부분이 해결되는데 들으려조차 하지 않는다. "도무지 말을 안 하는데 무슨 수로……"라며 한숨을 쉰다.

## : 엄마가 다른 사람이면 좋겠다

10년 넘게 강의를 하면서 가장 많이 듣는 말이, "도무지 아이와 말이 안 통한다"이다. 같은 언어를 쓰는데 왜 이토록 말이 안 통하는 걸까? 심지어 열 달 배 아파서 낳은 내 아이가 아닌가? 그동안 만난 엄마들의 하소연과 상담에서 마주한 아이들의 고민을 정리하면, 아이와 소통이 안 되는 이유는 대략 3가지로 구분이 된다.

첫 번째 이유는 아이가 더 이상 소통을 원하지 않는 데 있다. 초등학생 아이들은 대화란 모름지기 '대놓고 화내는 것'이라고 한다. 엄마가 어디선가 교육을 받아서 대화하자는 말을 많이 한다.

기대를 안고 엄마 앞에 앉지만 몇 분도 채 지나지 않아 혼나는 자신을 발견한다. 엄마랑 얘기해봤자 혼만 나고 화만 날 뿐이다. 그래서 더 이상 아무 말도 하지 않는다. 엄마의 잔소리가 허공에서 둥둥 떠다닐 때 아이는 자신의 세계로 숨어들어간다.

엄마를 때리고 싶어요.

엄마한테 욕하고 싶어요.

집 나가고 싶어요. 집 나가서 친척이랑 살고 싶어요.

내가 세상에 왜 태어났을까?

나는 여기에 없어야 할 놈!

화나요. 속상해요. 슬퍼요. 억울해요.

'엄마, 아빠에게 이런 말 들으면 상처받아요'라는 주제로 진행한 활동에서 나온 대답들이다. 한 초등학교 1학년 남자아이는 자신의 감정을 '속상하다', '슬프다', '화난다'로 표현하고는 그 아래 이렇게 적었다. '우리 엄마가 다른 사람이면 좋겠다.' 가전제품도 최소 10년은 사용하는데, 고작 7년을 같이 지내보니 바꾸고 싶은 마음이 간절해졌다. 안타까운 마음에서 하는 말들이 아이를 화나게 하고 죽고 싶게 만든다. 무엇이 엄마와 아이 사이를 가로막는 것일까?

장자는 사람은 모두에게 열려 있으며 소통을 통해서 비로소 연결된다고 했다. 아이와 연결되기 위해서는 소통, 즉 대화가 필요하다. 엄마들은 아이와 대화를 많이 한다고 말한다. 아이들도 그렇게 느낄까? 아이가 학교에서 선생님에게 야단을 맞고 의기소침해서 돌아왔다. 이때 엄마가 "네가 혼날 짓을 했나 보지. 가만히 있는데 괜히 야단쳤겠니?"라고 말한다면 아이는 엄마와 대화를 나눈다고 생각할까? 엄마와 정서적으로 연결된다고 느낄까? 물론 아니다. 엄마와의 소통은 정서적 욕구가 충족되는 기분 좋은 경험이어야 한다. 마음을 관통하지 않은 채 표면만을 긁는 대화는 관계에 도움은커녕 오히려 서로를 멀어지게 만든다. "우리 아들, 많이 속상하고 억울하겠네"라는 말이 아이로 하여금 '엄마는 내 편'이라는 생각이 들도록 한다. 친구와 다투고 씩씩대는 아이에게 "이런, 화가 많이 났구나"라는 말 한마디면 때론 충분하다. 벌겋게 달아오른 아이의 볼은 어느새 생기로 가득해진다.

## : 아이의 반성문은 진심이었을까?

아이들이 정서적으로 차단되거나 억압받는다면 어떻게 될까?

울지 말랬는데 울어서 죄송합니다.

계속 울어서 죄송합니다.

별것도 아닌 것으로 괜히 짜증을 부려서 죄송합니다.

우리 아파트 재활용품 배출하는 날 우연히 본 반성문의 내용이다. 글씨체로 봐서는 초등학교 저학년이 쓴 것 같다. 앞뒤로 3장이니 페이지로 치면 총 6페이지의 반성문에는 위와 같은 '죄송함'이 틈 없이 빼곡하게 적혀 있다. 아마도 이 아이는 반성문을 쓰는 그 순간에도 터져 나오는 울음을 참느라 연필로 자신의 마음을 꾹꾹 누르지 않았을까?

엄마들은 아이의 감정을 불편해한다. 아이가 감정을 표현하거나 감정적인 반응을 보이면 어찌할 바를 모른다. 감정에 대해 뭔가 해줘야 한다는 부담에 사로잡힌다. 아이가 상당히 요구적이라 느낀다. 감정에 대한 엄마들의 이러한 생각은 아이가 감정을 드러내는 걸 철저히 통제한다. 즉각적으로 감정을 차단하거나 무시하거나 혹은 심한 경우 억압한다. 선택이나 결정을 할 때 감정을 개입시키지 말라고 가르친다. 이들에게 감정은 이성적인 심리 과정을 방해하는 비합리적이고 본능적인 현상일 뿐이라는 신념이 자리 잡고 있다.

이 모든 것은 감정에 대한 엄마들의 오해가 낳은 참사다. 감정은 그저 느껴지고 표현되면 그뿐이다. 감정은 자연적인 생리적 현상에 가깝다. 느낄 만한 이유가 있어 느낄 뿐이다. 오줌이 마려우면 화장실을 가는 것처럼, 우리 안에서 감정이 올라오면 적절히 처리해 내보내면 된다. 아이들은 생리적 욕구뿐만 아니라 정서적 욕구도 충족되어야 한다. 오줌을 오랫동안 참으면 안 되는 것처럼 감정도 억압하거나 눌러둬서는 안 된다. 아이가 자신의 감정을 알아차리고, 적절히 표현하고, 처리할 수 있도록 돕는 건 엄마의 역할이다. 조언이나 훈계 등은 감정이 처리된 다음에 하는 게 바람직하다. 정서적으로 억압된 환경에서 자란 아이들은 자신의 감정에 혼란을 느낀다. 감정을 어찌할 줄 몰라 억압하거나 무분별하게 발산하기 쉽다. 결과적으로 자신의 감정을 자각하지 못하거나, 또는 감정에 과도한 불편함을 느껴 심한 경우 상담실을 찾는다.

사실 초등학교 시기까지는 아이들이 대체로 엄마 말을 따른다. 앞서 반성문을 쓰는 아이처럼 엄마가 시키는 대로 곧이곧대로 말을 듣는다. 혹여 아이가 대들더라도 일단은 대화가 되고 있다는 착각이 든다.

## : 공격적이고 폭력적인 아이들

문제는 초등학교 고학년부터 시작되는 청소년 시기에 나타난다. 제때 처리되지 못해 내면에서 뒤엉킨 감정 덩어리들은 오장육부를 휘젓고 다니다가 어느 순간 시한폭탄이 된다. 시한폭탄은 언제든 터진다. 아이의 기질이나 성향에 따라 터지는 양상에 차이가 있을 뿐이다. 어린 시절부터 억압되고 방치된 감정 덩어리는 대체로 청소년 시기에 공격성과 폭력성으로 탈바꿈한다. 자기 안에 있던 시한폭탄을 꺼내 밖으로 던져버린다. "그래서 뭐, 어쩌라고요. 내가 알아서 한다고요." "짜증 나게 하지 말라고요!" "에이씨~!" 어느 순간 아이는 성난 들개처럼 엄마에게 대들거나 으르렁거린다. 아니면 아예 엄마의 존재 자체를 철저히 무시한다. 초등학교까지 아무 문제가 없던 아이가 느닷없이 폭력 문제를 겪거나 심지어 범죄에 연루되어 엄마들을 당황하게 하는 경우가 빈번하다.

"엄마만 내 인생에서 사라져줬으면 좋겠어요!" 2년 전 상담에서 만난 고등학교 1학년 아이의 절규였다. 초등학교 때까지만 해도 엄마 말을 잘 듣는 착실하고 모범적이었던 아이는 중학교에 올라가면서 이상 행동이 나타나기 시작했다. 학교 부적응 양상은 물론 폭력이나 범죄 등에 연루되어 청소년 보호 처분을 수차례 받았다. 무엇이든 알아서 척척 잘하던 아들에게 기대가 컸던 엄마는 어린 시절부터 아이를 옥죄고 다그치며 '더 잘하라'고 채찍질해왔다. 시험 점수가 떨어지면 속옷만 입혀서 현관 밖으로 내쫓기도 했다. 고등학생이 된 지금, 아이는 엄마만 사라져주면 다르게 살아볼 거라고 울부짖고 있다.

## : 무기력하고 우울한 아이들

요즘은 폭력보다 더 빈번한 청소년 상담 주제가 바로 '무기력'이다. 초등학교 고학년이나 중학생 자녀를 둔 엄마들이 흔히 토로하는 고민에는 아이가 느닷없이 등교를 거부하거나, 하루 종일 죽은 듯이 잠만 자거나, 혹은 말수가 부쩍 줄어서 대화 자체를 거부한다는 내용이 많다. 몇 년 전까지만 해도 폭력이나 일탈이 압도적인 양상이라면, 이제는 무기력하거나 우울한 아이들이 증가하는 추세다. 이 아이들은 시한폭탄을 자기 안에서 터뜨린다. 폭탄을 밖으로 던져버리는 아이들이 폭력적이고 공격적인 행동을 보인다면, 이 아이들은 우울하고 무기력하다. 끊임없이 자신을 학대한다. 세상에 철창을 치고 자기만의 감옥에 갇힌다. 실제로 학교에서 만나는 중고등학생의 3분의 1 이상이 엎드려 자는 경우가 허다하다. 딱히 하고 싶은 것도 없고, 하고자 하는 의욕도 모두 상실했다. 아이들의 얼굴에서 표정이 사라졌다. 인생에 대한 희망이 사라졌다. 한 여중생은 서른까지만 살고 싶다고 말하며 스스로 시한부 선고를 내린다. 지금도 행복하지 않은데, 나중이라고 좋아질 것 같지 않다는 아이의 대답이 아프다.

사실 무기력은 어릴 때부터 부모 자녀 관계에 그 뿌리를 두는 경우가 많다. 교육이라는 미명 아래 부모의 통제와 금지가 너무나도 만연한 환경 속에서 자라왔을 경우 문제가 생긴다. 어릴 때는 그럭저럭 견뎌보지만, 청소년 시기가 되면 문제 행동을 봇물처럼 터뜨린다. 부모로부터 자신의 감정이나 생각 등을 제대로 이해받지 못하고 정서적 표현마저 막혀버린 아이들은 부모의 일방적 요구에 스스로를 포기하고 무기력한 상태가 되기 쉽다. 어릴 때는 부모가 원하는 아이로 자라기 위해서 최선을 다해본다. '착한 아이', '말 잘 듣는 아이'로 살아가지만 그 속에 '나'는 없다. 서서히 자신을 지워가던 아이들은 궁극에는 자기 가치감을 상실한다. 혹은 반대로 그 요구로부터 살아남기 위해 몸부림치며 자신의 모든 감정을 절제하지 않은 채 날 것 그대로를 토해낸다. 이것이 산만함이나 무질서로 나타난다.

## : 산만하고 부주의한 아이들

"애가 한 가지를 끈기 있게 하지 못해요."

"한번 책상에 앉으면 웬만큼 집중해야 하는데, 10분마다 한 번씩 들락거려요."

청소년과 달리 초등학생 자녀를 둔 엄마들의 가장 큰 고민은 아이의 산만함과 부주의함이다. 무엇 하나 끈기 있게 매달려 해내지 못하는 아이가 답답하기 짝이 없다. 엎친 데 덮친 격으로, 요즘은 디지털 기기 등의 영향을 받아 말초 신경을 자극하는 것에만 반응하는 아이들도 많다. 일명 '팝콘 브레인Popcorn Brain'이다. 공부는 머리가 아니라 엉덩이 힘이라는 말이 엄마들을 초조하게 만든다. 초등학교에 들어가면 인내심과 집중력을 위한 '습관 키워주기'에 열을 올린다. 그러나 아이들의 무질서와 산만함에 지친 엄마는 인내심을 잃고 흥분한다. 문제의 본질에서 벗어나 아이와 지리멸렬한 말다툼으로 이어진다. 결국 엄마조차도 인내심과 집중력이 무너지는 아이러니한 상황이 벌어진다. 매일이 전쟁이다. 사실 안정적인 애착 관계가 형성되지 못하면 불안정한 정서가 지속되며, 이는 적절한 방식으로 정보에 접근하거나 주의를 기울이기 어렵게 만든다. 엄마의 과도한 의욕이 오히려 아이의 불안이나 좌절을 부추기고, 이는 악순환으로 이어진다.

실제로 한 반에 한두 명 이상은 ADHDAttention Deficit Hyperactivity Disorder(주의력 결핍 과잉 행동 장애)를 진단받는다고 하니 생각해볼 문제다. ADHD와 관련해서는 『천 일의 눈맞춤』을 쓴 이승욱 정신분석가의 설명으로 대신한다. 개인적으로 10년 넘게 현장에서 엄마들과 아이들을 만나오면서 늘 느끼던 부분을 잘 표현해주고 있다.

> 아이의 주의가 결핍된 것은 아이에 대한 부모의 주의가 결핍된 것이다. 또한 아이의 '행동'이 '과잉'된 것은 부모가 아이의 과잉된 행동에 주의를 기울였기 때문이다. 부모가 아이의 행동에만 과잉으로 주의를 기울였다면 결핍된 것은 아이의 감정과 정서에 대한 관심일 것이다. ADHD 아이들이 언뜻 보기엔 지나치게 자유로워서 산만한 아이들 같지만, 사실은 심각한 억압을 경험한 아이들일 가능성이 크다.

미국 하버드대학교 심리학과 엘렌 랭어Ellen Langer 교수는 '주의력 결핍'이란 아이가 '부모가 원하는 것'이 아닌 다른 것에 관심을 갖기 때문에 붙여진 말이라고 했다. 우리 아이가 산만하다면 아이만을 탓할 게 아니라 부모를 비롯한 아이의 환경 전반을 점검해봐야 한다.

정서적으로 억압받고 상처받은 아이들은 입을 닫고 자기들만의 세상으로 도망가버린다. 무기력한 상태가 되어 자기만의 방식으로 항변한다. 그러나 이들의 마음속에는 여전히 자신을 봐달라는 간절한 외침이 무음 처리되어 있다. 특히 사춘기 아이들의 파괴적이고 공격적인 행동은 도움을 청하는 고함 소리다. 자신의 감정을 알아달라는 구조 요청인 셈이다. 엄마가 이를 제대로 알아차리지 못하고 무시할 경우 아이와의 관계는 점점 금이 갈 뿐이다. 엄마는 아이의 마음을 할퀴거나 정서적으로 억압하는 게 아니라 마음 안을 부드럽게 돌봐줘야 한다. 무엇보다 아이 존재에 온전히 집중해야 하며, 아이 마음 안에서 무슨 일이 일어나는지 귀 기울여야 한다. 아이와의 소통은 다름 아닌 '마음을 듣는 일'이어야 한다.

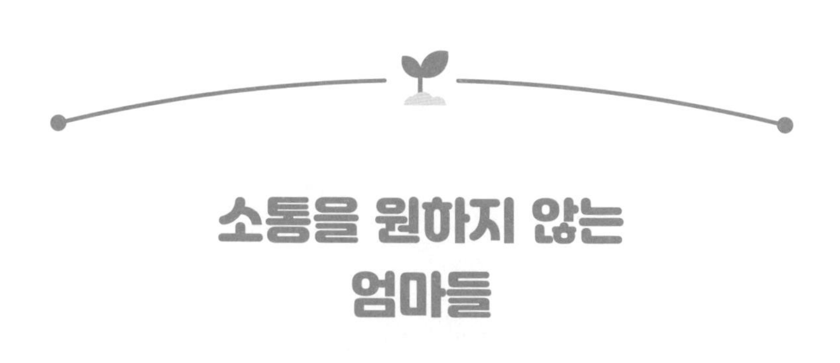

# 소통을 원하지 않는 엄마들

아이와 말이 안 통하는 두 번째 이유는 엄마가 소통을 원하지 않는 경우다. '이게 무슨 뚱딴지 같은 소리야'라고 생각할지도 모른다. 엄마들은 아이와 소통을 원한다고 말하지만 사실 엄마가 원하는 건 소통이 아니라 일방적인 훈계나 조언인 경우가 많다. 중학교 여학생들을 대상으로 소통 관련 강연을 할 때 대화가 뭐냐고 물었다. '답정너'라고 한다. '답은 정해져 있고 너는 대답만 하면 돼'의 줄임말이 '답정너'다. 답은 이미 엄마 안에 있다. 아이는 그 답을 찾아서 대답만 하면 된다. '엄마의 생각'을 찾아 삼만리다. 그렇지 않으면 그 답이 나올 때까지 고문은 쭉 지속된단다.

"엄마, 학원 그만두면 안 될까요?"라는 아이의 말에 엄마는 생각한다. '그 학원을 어떻게 해서 들어갔는데 고작 몇 달 다니고 그만둔다는 거야. 절대로 안 돼. 어떻게든 설득해서 다시 다니도록 해야지.' 엄마 안에서 이미 결론이 나버린 상태에서 대화는 자연스럽게 이어지지 않는다. 엄마는 최대한 침착하고 품위 있게 말을 이어가지만, 아이는 엄마의 감춰진 의도를 귀신같이 알아차린다. 아이는 안다. "생각해보니 그냥 계속 다니는 게 나을 것 같아요"라는 말이 나올 때까지 고문이 끝나지 않는다는 사실을. 달리는 말을 더 모질게 채찍질하기 위해 채찍을 명품으로 바꾸는 것과 다름없다.

엄마가 소통을 원하지 않는다는 건 아이의 진심이 궁금하지 않다는 뜻이다. 우리 아이가 도대체 왜 이러는지 아이 마음을 들여다볼 의지가 없다. 그저 아이의 잘못된 행동과 태도에 대해 조언이나 충고 등을 퍼붓는 것을 '대화'라고 착각한다. 대화는 일방향이 아니라 쌍방향이다. 어느 한쪽으로만 일방적으로 흘러가는 것은 대화의 본질이 아니다.

## : 아이는 엄마와 다르다

엄마와 아이의 소통을 가로막는 더 미묘하고 복잡한 장애물은 엄마의 신념이다. 아이가 엄마 자신과 다름을 수용하지 않을 때 소통이 막힌다. 안타깝게도 엄마들은 자신과 아이를 동일시하는 경향이 강하다. 실제로 고려대학교 심리학과 연구팀에서 한국과 미국 엄마 11명씩을 대상으로 같은 실험을 했다. fMRI functional Magnetic Resonance Imaging(기능적 자기 공명 영상)를 촬영하면서 엄마 자신, 아이 그리고 타인과 관련된 생각을 할 때 각각 뇌의 어느 부위가 활성이 되는지를 알아보는 실험이었다. 한국과 미국 엄마 모두 자신과 자녀를 생각할 때는 내측전전두엽이 활성이 되는 반면, 타인을 생각할 때는 전혀 다른 부위가 활성이 되었다. 아이와 자신을 동일시하는 것이 뇌 과학적으로 증명이 된 셈이다. 이러한 동일시는 아이를 공감하기 쉽게 한다. 아이가 다치면 엄마 가슴이 찢어지고 아픈 이유가 여기에 있다. "아프냐? 나도 아프다"가 가능하다. 그러나 부정적인 측면도 있다. 아이와 나를 분리하지 못한다. '아이가 곧 나'라고 생각하다 보니 아이에 대해서 다 알고 있다는 착각이 든다.

"네가 뛰어봤자 벼룩이지."

"엄마는 다 알아!"

"내가 너를 낳았는데 설마 모를 리가."

다 안다는 착각의 늪에서 나올 생각이 없다. 설마가 사람 잡는다. 이러한 '설마'들이 쌓여서 엄마들의 착각을 두텁게 만든다. 아이의 감정이 도무지 종잡을 수 없거나 엄마와 다를 경우 당황하고 헤매는 것도 이러한 착각 때문이다.

스위스의 분석 심리학자 칼 융Carl Jung은 심리 유형을 설명하면서 부모와 자녀 사이의 갈등은 부모의 착각에서부터 시작된다고 봤다. '자녀는 나와 같다' 혹은 '같아야만 한다'는 착각이 갈등을 일으키는 주원인이다. 이러한 착각이 유리 벽처럼 엄마와 아이 사이를 가로막고 있다. '소통'에서 소는 트일 소疏, 통은 통할 통通이다. 아이와 엄마 사이는 아무것도 가로막고 있지 않아야 서로 통한다는 의미다.

그러니 아이를 다 안다고 자신하지 말자. 내가 낳은 내 아이지만 이 아이는 나와 엄연히 다른 인격체라는 걸 인정하자. 그리고 궁금해하자. 이 아이는 나와 어떻게 다른지. 지금 이 순간부터 내 아이를 다르게 바라보자. 낯설게 바라보자. 내게 찾아온 손님처럼 낯설게 바라보면 아마도 그동안 놓쳤던 아이의 새로운 모습이 보일 수도 있다.

인지 발달 연구의 선구자이자 스위스의 심리학자인 장 피아제Jean Piaget는 어른들처럼 생각하지 않는다고 하여 아이들을 '인지적이방인'이라고 불렀다. 아이들은 미성숙하지만 자기 존재에 대한 완전한 감각을 지니고 있다. 아이들은 그들 나름의 방식대로 삶을 살아간다. 그들에게는 완전하고 완벽한 고유의 색깔과 빛깔이 있다. 그들 자신에게 꼭 맞는 생각과 욕구, 가치관이다. 이러한 완전함은 그들을 특별하고 유일하고 귀하게 만든다. 이 세상에 어느 누구도 완전히 똑같지 않다. 각자 나름의 독특함과 특별함을 갖고 있으며, 이러한 것이 존재 자체를 진정으로 소중하고 귀하게 만든다.

## : 공주님의 수많은 달

미국 작가 제임스 서버James Thurber의 동화 『공주님의 달Many Moons』에 나오는 내용이다. 몸이 아픈 공주에게 무엇이 갖고 싶은지를 물었더니 공주는 밤하늘에 떠 있는 달을 원했다. 왕은 난감해졌고, 그래서 시종장, 궁중 마법사, 왕실 수학자에게 도움을 구했다. 그러나 그들 각자가 생각하는 달까지의 거리나 달의 성분은 모두 달랐다. 달이 너무 멀리 있고 너무 커서 절대로 따서 돌아올 수 없다는 게 공통된 의견이었다. 낙담한 왕은 슬픔을 가눌 길이 없어 어릿광대에게 악기를 연주하도록 했다. 왕의 고민을 듣던 어릿광대는 자신이 공주를 돕겠다고 말했다. 그는 공주에게 가서 물었다.

"공주님, 달은 얼마나 큰가요?"

"달은 내 엄지손톱보다 조금 작아."

"공주님, 달은 얼마나 멀리 있나요?"

"바봐. 창밖에 있는 큰 나무보다 높이 있지도 않아."

"그렇다면 공주님, 달은 무엇으로 만들어졌나요?"

"바보, 정말 그것도 몰라? 달은 반짝반짝 빛나는 황금으로 만들어졌지."

어릿광대는 어떻게 했을까? 곧바로 왕에게 달려가 손톱만 한 크기에 황금빛이 나는 동그란 달을 만들어달라고 요청했고, 그것을 공주에게 가져다줬다. 공주는 달을 받자마자 뛸 듯이 기뻐했다.

이 이야기가 우리에게 보여주는 바는 크다. 공주가 달에 대한 이야기를 했을 때 어른들은 하나같이 그들 마음속에 있는 달에서 단 한 발자국도 벗어나지 않은 채 불가능한 일이라고 손사래를 쳤다. 답은 이미 어른들 마음속에 있으며, 그것을 아이들이 알아듣기 쉽게 가르치면 그만이라고 생각했다. (시종장, 궁중 마법사, 왕실 수학자가 생각하는 그들 나름의 '답'은 모두 달랐다. 그 답은 그들 안에서 만들어진 그들만의 것이다) 그들은 공주를 설득하려고만 했지, 어릿광대를 제외한 그 누구도 공주의 마음속에 무엇이 있는지는 궁금해하지 않았다. 이쯤에서 몇몇 독자들은 답답할지도 모른다.

'아니, 저 달이 무슨 소용이람. 어차피 오늘 밤이 되면 하늘에는 진짜 달이 떠오를 텐데…….'

어릿광대는 걱정이 되어 "공주님, 오늘 밤에도 하늘에는 달이 뜰 텐데요"라고 조심스럽게 말했다. 공주는 환하게 웃으면서 대답했다. "당연하지. 이가 빠지면 그 자리에 다시 자라나는 것처럼 달도 그런 거야. 달도 다시 자라나게 되어 있어!" 책의 원제가 왜 'Many Moons'일까? 어른들에게 달은 유일무이한 존재지만, 어린 공주에게 달이란 밤하늘에도 떠 있고, 나뭇가지에도 걸려 있고, 때로는 호수에도 빠져 있다. 이처럼 어른들의 관점으로만 아이를 바라보면 아이의 마음으로 들어갈 길이 없다.

## : 답은 아이 안에 있다

엄마의 신념이나 가치관 등은 아이의 감정을, 더 정확히는 아이 감정의 원인을 왜곡하기 쉽다. 예를 들어보자. 성취주의적인 성향이 강한 엄마는 아들이 지난번보다 떨어진 시험 점수에도 덤덤해하는 모습을 보고 못마땅하다. '열정 없음'으로 결론을 내리며 아이를 한심하게 여긴다. 반면, 시험 점수 때문에 짜증 내며 속상해하는 아이를 보고 힘들어하는 엄마도 있다. 그깟 한 문제로 심하게 자책하고 속상해하는 아이가 성가시고 까다롭다고 생각한다. 아이가 엄마인 나와 다름을 인정하지 않을 때 생기는 문제다. 엄마는 아이의 마음 안에서 일어나는 일들에 귀를 기울여야 하지만, 이미 엄마 안에서 결론이 나버리면 들어볼 필요조차 없다.

아이는 엄마와 다르다. 아이의 문제를 엄마의 관점에서만 다루려고 하면 도무지 해답을 찾을 수가 없다. 마치 미로 속을 헤매는 것처럼 갑갑증이 난다. '얘가 도대체 왜 이러는 거지? 일부러 나를 골탕 먹이려는 건가?'라는 생각에까지 이르면 아이를 윽박지르거나 혼내기 쉽다. 그럴 때마다 앞에서 만난 동화 『공주님의 달』을 떠올려보자. 나는 우리 아이에 대해서 아무것도 모른다. 아이가 무엇을 원하는지, 무엇 때문에 힘든지를 모른다. 궁금하다면 아이의 이야기에 귀를 기울여야 한다. 내가 모르고 있다는 사실을 인정해야 물을 수 있고 들을 수 있다.

아이와 관련된 답은 반드시 아이 안에 있다. 정서적으로 안전하고 편안한 환경에서 아이가 자신의 이야기를 알파부터 오메가까지 끄집어낼 수 있도록 도와야 한다. 이것이 갑갑증에서 벗어나 아이 마음속으로 빠져드는 길이다.

## : 엄마의 말에도 다이어트가 필요하다

소통에서 엄마는 선생님이 되어서는 안 된다. 수학 공식을 혼자 알고 있는 선생님이 모르는 학생을 일방적으로 가르치는 것과는 다르다. 엄마가 모든 문제에 대한 해결책을 알 수도 없을뿐더러 안다고 자신해서도 안 된다. 모른다는 전제하에 아이와 머리를 맞대고 풀어가는 과정이 대화다.

"갈등 상황에서 아이를 효과적으로 설득할 수 있는 적절한 표현을 알려주세요."

알약과 같은 말, 즉 적재적소에서 딱 꺼내서 쓸 수 있는 말을 원하는 엄마들이 많다. 무슨 말을 어떻게 해야 할지 모르겠다면, 일단 말을 멈출 필요가 있다. 때로는 하면 할수록 상황을 꼬이게끔 만드는 게 엄마의 말이다. 말을 멈추고 아이를 가만히 지켜보라. 입 밖으로 내뱉는 말은 후회와 상처를 낳지만, 속으로 삼킨 말은 내면을 치유하는 약이 된다.

간혹 아이의 행동이 못마땅할 때는 말을 최대한 줄여보자. 말에도 다이어트가 필요하다. 지방이랑 군살을 빼듯이 쓸데없는 말을 덜어내라. 엄마가 꼭 해야 할 말만 간단하고 명료하게 전달하라. 이도 저도 모르겠다면 말을 멈추는 것부터 시작하라. 엄마가 말을 멈추면 아이의 말이 들린다.

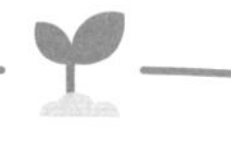

# 말공부만으로는 이제 안 된다

"엄마가 우리 아영이를 얼마나 사랑하는지 알지?"

"현우야, 현우는 엄마한테 가장 소중한 보물이야."

아영 엄마와 현우 엄마는 아이들에게 이처럼 사랑 고백을 단 하루도 빠뜨리지 않고 한다. 그런데 어쩐 일인지 아영이와 현우는 유아 스트레스로 힘들어하고 있다. 현재 둘 다 1년 넘게 놀이 치료 중이다. 엄마가 사랑한다고 날마다 고백하는데, 아이들은 왜 이처럼 아픈 것일까?

"부모 교육에도 열심히 참여하고 양육 관련 책도 주기적으로 사서 보는데, 왜 아이와의 관계는 여전히 힘들까요?"

많은 엄마들의 해결되지 않는 고민이다. 아이를 훌륭하게 키우고 싶어서 최선을 다하고 있는데, 아이와 여전히 삐걱거리는 현실에 지친다.

## : 어떻게 '말할까'가 아닌 어떻게 '들을까'

부모 자녀 간의 소통이 어려운 마지막 이유는 방법을 잘 몰라서다. 요즘은 부모 교육과 양육 지침서, 그리고 관련 영상 매체가 넘쳐난다. 서점을 반 바퀴만 돌면 자녀와의 소통을 다루는 책들을 어렵지 않게 찾을 수 있다. 이럴 때는 이렇게, 저럴 때는 저렇게 상황별로 부모 자녀의 대화를 자세히 적어주는 과도한 친절을 베푼다. 실제 대화법 관련 교육에서도 상황별로 제시되는 문장들이 많다.

강의장에서 만난 많은 엄마들은 자신이 "~구나"라는 말만 사용하면 아이들이 경기를 일으킨다고 한다. 엄마답지 않은 말투와 태도가 아이를 당황스럽게 만든다. 열심히 외우고 익혀서 우리 아이한테 적용해봐야지 하고 작심하지만, 문제는 아이가 그 책을 읽거나 부모 교육에 참여하지 않았다는 사실이다. 분명히 똑같은 상황인데 우리 아이는 책에 나온 대로 답하지 않는다. '어? 이게 아닌

데? 이쯤에서 아이가 기분이 좋아지면서 달라져야 하는데, 뭐지?' 라는 생각이 드는 순간, 엄마는 길을 잃는다. 무엇이 문제일까? 아이의 문제일까? 엄마의 문제일까? 말공부가 더 이상 필요 없다는 말이 아니다. 물론 말공부는 여전히 중요하다.

"저는 쓰레기장 근처에서 바람에 날아다니는 검정 비닐봉지 같아요."

고등학교 2학년 남자아이의 말이다. 자신을 아무짝에도 쓸모없는 존재로 인식한다. 이 아이가 늘 듣는 말은 "빌어먹을 놈!", "아무짝에도 쓸모없는 놈!", "너 같은 걸 왜 낳아서……"다. 칼에 베인 상처는 며칠이면 아물지만, 말에 베인 상처는 평생을 간다. 이 아이처럼 지속적으로 엄마의 언어폭력에 시달리는 아이도 있고, 엄마가 무심결에 던진 한마디에 다치는 아이도 있다. 엄마의 말은 가시처럼 심장에 박혀 상처를 낸다. 함부로 욕을 하거나 비난하지 않는 것만으로도 관계에 청신호가 켜진다. 따라서 말공부는 반드시 배워야 할 기본 과정임에는 틀림없다. 다만 말공부에는 엄마들이 모르는 함정이 숨어 있다.

지금은 대학교 4학년인 지현이 초등학교 1학년 때다. 처음 부모교육을 접하고 '상처 되는 말'을 고치는 것이 중요하다는 사실을 알았다. 그날 교육에서 돌아와 지현에게 물었다.

"지현아, 엄마와 아빠가 너한테 하는 말 중에서 어떤 말이 가장 듣기 싫어?"

"뚱! 나는 뚱 싫어!"

지현은 백일 이후 단 한 번도 날씬해본 적이 없었다. 어릴 때는 통통하다가 커가면서 뚱뚱해졌다. 남편과 나는 그런 지현을 이름 대신 '뚱'이라고 불렀다. 귀엽게 애교 섞어서 불렀던 별명이다. 그런데 이 말이 아이에게 상처가 된다는 사실을 알고 충격을 받았다. 이후 우리 부부는 단 한 번도 그렇게 부른 적이 없다. 의식적으로 말을 고치려고 애를 썼다. 그런데 어느 날 지현이 말했다.

"엄마는 왜 이렇게 나를 뚱뚱하다고 해?"

말은 고쳤지만 나는 여전히 지현의 체중이 염려되었고, 닥치는 대로 잘 먹는 아이가 부담스럽고 불편했다. 입은 다물었지만 눈으로는 비난을 멈추지 않았다. '뚱'이라는 말만 버렸지, 내면 깊이 새겨진 생각은 여전히 눈빛과 표정을 통해 고스란히 새어 나오고 있었다. 이처럼 아무리 좋은 말이라도 마음이 담겨 있지 않은 채 앵무새처럼 외워서 뱉어내는 것만으로는 효과가 없다. 마치 썩은 생선을 번지르르한 고급 포장지에 싸는 것과 같다. 제아무리 명품 포장지를 둘러도 생선에 밴 고약한 냄새는 삐져나온다. 특히 아이와의 관계에 빨간불이 들어왔거나 정서적 틈이 벌어진 상태라면 말공부만으로는 한계가 있다. 아이와의 관계에서 경고등이 깜빡거릴 때는 어떻게 '말할까'를 고민할 게 아니라 어떻게 '들을까'를 고민해야 한다. 사실 그보다 더 중요한 것은, 말을 하는 순간 엄마의 몸에서 새어 나오는 에너지, 즉 신체 언어를 이해하는 일이다.

## : 아이는 엄마의 말보다 몸에 먼저 반응한다

사례①

평소처럼 저녁 식사를 하는 자리에서 초등학교 3학년 딸이 느닷없이 "엄마는 오빠만 예뻐하고……"라고 말하며 울음을 터뜨린다. 당황한 엄마는 무슨 소리냐고 반문한다. 딸은 "엄마는 오빠만 사랑스럽게 쳐다보잖아! 나는 그렇게 봐주지도 않으면서 말이야"라고 대답했다.

사례②

온 가족이 거실에 둘러앉아 TV를 보면서 과일을 먹고 있다. 초등학교 1학년 아들이 활짝 웃으며 말한다. "아, 오늘은 엄마한테 안 혼나는 날이구나. 오늘은 긴장 안 해도 되겠어!" 무심코 귤을 까먹던 엄마가 아이를 쳐다보니, 아이는 천진난만한 표정을 지으며 말한다. "암튼 그래. 오늘 엄마 기분이 아주 좋아 보이고 부드럽잖아."

미국의 신경 과학자 조셉 르두Joseph LeDoux는 "정서 표현은 우리가 주고받는 말에 생동감과 에너지를 부여한다. 인간의 언어는 왜곡될 소지가 있으나 정서 표현에 주목함으로써 우리는 상대방의 본심과 의도를 보다 정확히 알 수 있다. 따라서 몸짓으로 표현되는 신호들은 매우 귀중한 정서의 의사소통 도구다"라고 했다.

우리는 부지불식간에 말뿐만 아니라 온몸으로 메시지를 전달한다. 온몸으로 흘리는 메시지는 때로 말보다 더 많은 걸 전한다. 장례식장에서 친구를 위로하고 싶을 때 그저 눈을 바라보며 손만 잡아줘도 위로가 된다. 따뜻한 체온과 위로의 눈빛 사이에 말이 끼어들 공간은 없다. 눈빛이나 표정은 감정이 만들어내는 자연스러운 흔적이다. 말은 의식적인 편집이나 각색이 가능하지만 눈빛이나 표정은 '척'이 어렵다. 때로는 몸짓만으로 충분하다.

신체적 각성 또는 피드백이 정서 경험 발생에 결정적 역할을 한다고 봤던 미국 심리학의 아버지 윌리엄 제임스William James는 "감정, 그것은 곧 감각이다"라고 말했다. 우리의 몸이 바로 감정의 통로이자 공명판이다. 엄마의 진심은 말뿐만 아니라 목소리, 눈빛, 동작 등을 통해서도 아이에게 그대로 전달된다. 아이들은 엄마의 말에만 반응하는 것이 아니라 엄마의 몸에도 동시에 반응한다. 제아무리 좋은 말이라도 진심이 담겨 있지 않다면 대화 도중 레드~썬 상태로 들어가 의식적으로 회피해버리는 방법을 선택한다.

## : 이중 메시지의 함정

앞서 지현과의 상황과 같이, 말과 표정 혹은 몸짓이 상충될 때 아이들은 혼란을 경험한다. 흔히 일어나는 상황 하나를 살펴보자. 피곤한 엄마를 보면서 아이가 물을 갖다준다. 아뿔싸! 엄마가 가장 아끼는 크리스털 잔에 담아 오다 식탁 모서리에 부딪혀서 잔이 와장창 깨졌다. 이때 엄마가 "괜찮아"라고 말하면서 인상을 찌푸린다. 이를 본 아이는 어떨까? 말로는 괜찮다고 하지만 엄마의 온몸은 싸늘한 냉기를 뿜고 있다. 전혀 괜찮지 않다. 이처럼 말과 표정 또는 몸짓이 일치되지 않을 때 이를 이중(구속) 메시지Double-binding Message라고 한다. 이중인격자나 이중 잣대와 같이 이중 메시지는 부정적인 의미를 내포한다. 엄마가 평소에 이중 메시지를 자주 보내면 아이는 엄마의 진의를 읽기 위해 눈치를 볼 수밖에 없고 늘 불안하다. 이것이 계속 반복되면 아이는 위축되고 자신감도 떨어진다. 무엇보다 자신의 솔직한 감정을 표현하거나 의견을 말할 기회를 놓치게 되고, 이는 대인 관계에서 의사소통에 문제를 일으킨다. 따라서 엄마는 언어적, 비언어적 메시지를 일치시켜야 한다. 앞선 상황이라면 "괜찮아? 다치지 않았어?"라고 먼저 물어본 뒤 엄마의 진심을 솔직하게 표현하는 게 좋다. "엄마가 가장 아끼는 잔인데, 깨져서 엄마가 너무 속상해."

참고로 조현병 환자들의 부모들을 관찰한 결과, 이중 메시지를 사용하는 경우가 많다는 연구 결과가 있다. 물론 조현병은 유전적, 생물학적, 환경적 원인들이 복합적으로 작용하여 발병한다. 그러나 이들 부모들의 의사소통 유형이 병의 증상을 완화하거나 악화시키는 데 크게 영향을 준다는 데 그 의미가 있다. 그러므로 엄마는 입 밖으로 내뱉는 말뿐만 아니라 말하는 자신의 몸짓이나 표정 등도 잘 살펴야 한다.

## : 말보다 몸이 전하는 메시지가 더 강력하다

말은 사람의 생각이나 감정을 나타내는 소리다. 말의 향기는 내면의 생각이 결정한다. 말보다는 말 속에 담긴 엄마의 생각이나 신념이 중요하다. 아이를 어떻게든 설득해서 엄마가 원하는 대로 통제하려는 불순한 의도가 있을 때, 생각과 말은 불협화음을 일으킨다. 말에 앞서서 스스로 어떤 생각을 하는지를 알아차리는 게 중요하다. 생각이나 신념이 바뀌지 않는 이상 말만으로 관계를 개선하기는 어렵다.

감정도 마찬가지다. 내면의 소용돌이치는 감정은 엄마의 말을 날카롭거나 뭉툭하게 만든다. 이럴 때는 말 자체보다 엄마의 표정이 관계에 더 큰 영향을 미친다. 엄마의 마음이 폭발 직전일 때, 아무리 고상하게 말을 다듬는다고 해도 감정과 말은 엇박자를 낸다. 따라서 감정을 제대로 처리하는 게 급선무다. 이처럼 엄마의 말이 감정과 다를 때 아이는 말이 아니라 신체 언어, 즉 몸짓을 통해 엄마의 마음을 읽는다. 마치 교통 상황이 어수선할 때는 신호등이 아니라 교통경찰의 수신호에 따라 움직이는 것과 같다.

이렇듯 우리는 2가지 방식으로 대화를 한다. 말로 하는 대화와 몸으로 하는 대화다. 아이에게 "사랑해"라고 말하고 있지만, 무미건조하고 딱딱한 표정으로 숙제를 해치우듯이 하는 말은 공명이 없다. 오히려 "사랑해"라는 말은 생략되었지만 따뜻하게 안아주면서 볼을 비비는 것이 최고의 고백일 수도 있다. 아이는 추상적이지 않고 구체적이다. 그리고 추상적인 경험도 감각적인 경험을 통해서 이해한다. 그래서 말을 하기보다는 몸으로 표현하며, 몸으로 이해한다.

말보다 몸이 보내는 메시지가 더 강력하고, 더 먼저 받아들여진다는 사실은 뇌가 발달하는 순서만 봐도 알 수 있다. 몸과 관련된 원시적인 뇌 부분인 '뇌간'이 가장 먼저 발달하고, 감정을 주관하는 '변연계'가 그다음으로 생겨난다. 이후 사고를 담당하는 '대뇌 피질'이 가장 늦게 발달한다. 말은 대뇌 피질을 거쳐서 나온다. 머리를 거쳐 나오는 말보다는 엄마의 몸이 전하는 기운과 메시지가 훨씬 더 강력하며 원초적이다. 아이의 심장은 거기에 반응한다. 생각해보라. 심장은 두뇌가 생기기 전 이미 태아 때부터 뛰기 시작했다. 이처럼 우리 인간은 의식적인 말을 하기 이전부터 이미 오랫동안 무의식적이고 비언어적이었다.

예를 들어보자. 여러분이 운전 중인데 갑자기 골목길에서 차 한 대가 튀어나온다. 이때 차가 부딪치지도 않았는데 심장이 멎고 피가 다리로 쏠리는 느낌이 든다. 무슨 일인지 생각이 미처 따라가기도 전에 이미 우리 몸은 위험 신호를 보내고 공포 반응을 불러일으킨다. 마찬가지다. 낯선 사람들과 만나는 모임에서 이유도 없이 마음이 요동치고 불편한 경험을 해본 적이 있지 않은가? 머리로 옳고 그름을 분별하고 판단하기도 전에 이미 우리 몸은 상황에 대한 판단을 내리고 우리에게 무언의 신호를 보낸다.

미국 하트매스 연구소에 의하면 우리의 머리는 선형적이고 논리적인 방식으로 작동하는 반면, 우리의 심장은 덜 선형적이고, 더 직관적이며, 더 직접적인 방식으로 정보를 처리한다고 한다. 특히 위험 요소에 대해서는 몸이 가장 빨리 반응한다.

인간이 진화하는 과정에서 몸짓이나 표정 등을 통한 원시적인 언어 수단을 거쳐 말을 통한 의사소통의 체계가 생겨났다. 인류가 말로써 의사소통을 시작한 시기는 명확하지는 않지만 호모 사피엔스부터라는 것이 대략적인 정설이다. 수백만 년의 인류 역사

전체를 볼 때, 말의 역사는 고작 10만 년에서 5만 년 전이다. 말이 생기기 전부터 이미 우리 인류는 서로의 눈을 바라보면서 위험을 알아채고 생존을 유지해왔다. 말이나 언어보다 오히려 우리의 DNA에 더 깊고 선명하게 각인되어 있는 것은 표정이나 몸짓을 해석하는 프로그램이다. 이렇듯 비언어적인 의사소통은 우리가 생각하는 것보다 훨씬 오래전부터 중요한 역할을 해왔다.

## : 몸이 보내는 메시지에 주의하라

1971년 미국 캘리포니아대학교 심리학과 앨버트 메라비언Albert Mehrabian 교수는 '메라비언의 법칙The Law of Mehrabian'을 발표했다. 사람이 의사소통하는 데 말이 차지하는 부분은 7%인 반면, 목소리 톤이나 억양은 38%, 몸짓이나 표정 등의 비언어적인 요소는 55%라는 것이 메라비언의 법칙이다. 이 법칙에 따르면 엄마의 '사랑해'라는 말 자체는 7%의 효과가 있다. 그에 비해 목소리 톤이나 억양 그리고 몸짓이나 표정 등은 훨씬 더 많은 메시지를 전달한다. 같은 말이라도 어떤 비언어적인 요소로 표현하느냐에 따라 완전히 다른 의미를 갖는다는 점이 중요하다. 따라서 메라비언 교수는 언어와 비언어적인 요소를 일치시켜야 한다고 강조했다. 내적 상태와 외적 표현이 일치될 때 그 전달력은 몇 배 더 강력해진다. 이 둘이 일치되지 않을 때, 우리는 말이 아닌 다른 것에 더 많이 영향을 받는다는 사실을 기억하라.

물론 말공부는 여전히 중요하다. 특히 직장인, 취업 준비생 혹은 프레젠테이션을 앞둔 대학생 등에게는 말공부가 필수적이다. 그러나 부모와 자녀는 다르다. 지금까지 부모 교육에서는 7%의 말에만 매달려서 말만 잘 다듬어왔다. 말에 치중하여 교육이 진행되다 보니 말보다 더 많은 영향을 미치는 '비언어적'인 요소는 등한시되었다. 말보다 중요한 건 우리의 몸이다. 우리 몸은 엄청난 에너지와 파장을 갖고 있다. 미국 하트매스 연구소에 따르면 사람의 몸에서는 전자기장이 흘러나오는데, 이는 서로 간에 영향을 주고받는다고 한다. 특히 심장에서 발생한 전자기장은 신체의 모든 세포로 퍼질 뿐만 아니라, 신체의 바깥으로도 사방팔방 퍼져나간다. 이는 뇌에서 나오는 전자기장보다 훨씬 더 강력한데, 그 정도가 5,000배나 높다고 한다. 따라서 이제는 말뿐만 아니라 우리 몸에서 보내는 메시지에도 주의를 기울일 때다. 말공부를 넘어서 말과 일치되는 비언어적인 요소는 물론이며, 아이와의 관계 개선과 아이의 건강한 발달에까지 크게 영향을 미치는 신체 언어를 제대로 이해하고 배울 필요가 있다.

# 본질적인 사랑 회복법

## 몸 맞춤, 눈 맞춤, 마음 맞춤

우리 아이와의 사랑을 회복하려면 어떻게 해야 할까? 해답은 '첫사랑'에 있다. 여러분 인생의 '최고의 사랑'은 언제, 누구와의 사랑인가? 첫눈과 함께 매년 찾아오는 아련한 첫사랑? 지금은 콩깍지가 벗겨져 배 나온 아저씨가 되어버린 남편? 불행히도 기억하지는 못하지만, 우리의 몸과 무의식에 깊이 각인된 첫사랑이 있다. 누구에게나 인생을 통틀어서 가장 사랑받는 때는 생후 1년이다. 아이는 태어나서 1년간 평생에 받을 사랑을 한껏 받는다.

갓 태어난 아이를 바라보는 엄마의 눈에서 꿀이 뚝뚝 떨어진다. 포대기 안에서 꼬물거리는 아이에게서 눈을 떼지 못한다. 신기하다. 어디서 이런 생명체가 나왔지? 아이가 궁금하다. 엄마는 이 아이에 대해서 아무것도 모른다. 자신이 낳았다는 사실만 확실할 뿐, 이 아이가 무엇을 좋아할지, 키는 얼마나 클지, 언제 말을 시작할지, 아무것도 모른다. 엄마의 눈은 아이의 요모조모를 살피느라 바쁘다. 행여 불편한 데는 없는지, 배는 안 고픈지 아이의 표정을 읽느라 여념이 없다. 아이가 칭얼대면 화들짝 놀라며 즉각 반응한다. 옹알이가 시작되면 엄마는 더 바빠진다. 아이가 보내는 신호를 해석하려고 한시도 아이에게서 시선을 떼지 못한다. 아이가 얼굴로, 몸으로 보내는 암호를 해독하느라 바쁘다. 그렇게 아이에 대해서 하나씩 알아가며 어느새 엄마는 아이에게 흠뻑 빠진다.

갓 태어난 아기를 보면서 '이 아이는 돈을 왕창 버는 의사로 키워내겠어'라든가 '기필코 명문대를 보낼 거야'라고 의지를 다지는 엄마는 없다. 그저 소중하고 예쁘다. 이때가 아마도 아이들이 존재 자체로 온전히 사랑받는 때가 아닐까?

## : 관계가 꼬였다면 처음으로 돌아간다

부모와 자녀의 사랑에도 유효 기간이 있는 걸까? 이처럼 절절했던 사랑이 점점 변해간다. 하루 24시간 아이를 좇던 엄마의 시선은 점차 아이가 아니라 아이 주변으로 옮겨간다. 심지어 내 아이가 아닌 남의 아이에게 시선이 꽂힌 엄마는 아이를 끊임없이 비교한다. 비극의 삼각관계가 시작된다. 아이의 웃는 모습만 보고도 감격해서 따라 웃던 엄마는 이제 아이를 보며 더 이상 웃지 않는다. 인상을 찌푸리며 무엇이 잘못되었는지를 지적하느라 바쁘다. 아이의 옹알이에 귀 기울이며 궁금해하던 엄마는 이제 사라졌다. 아이가 말을 해도 설거지를 멈추지 않는다. 사춘기가 되면 사랑은 온데간데없고 서로 으르렁거리는 원수만 남는다. 아이는 엄마 때문에 숨 막힌다고 아우성치고, 엄마는 아이 때문에 못 살겠다고 난리다. 어느 날 문득 깨닫는다. 뭔가 잘못되었다. 잘못되어도 단단히 잘못되었다.

관계가 꼬였다면 처음으로 돌아가자. 드라마 대사도 사랑은 돌아오는 거라고 하지 않는가? 지금 뭔가 제대로 안 되고 있다면 수준에 맞지 않는 문제를 풀고 있다는 신호다. 생각해보라. 고등학교 수학 문제를 풀고 있지만 아무리 해도 이해가 안 된다. 풀수록 더 문제가 꼬인다. 이때는 과감히 고등학교 수학을 버려야 한다. 중학교 수학으로 돌아가야 한다. 기초부터 다시 꼼꼼히 시작하는 것이 수포자가 되지 않고 수학을 정복하는 비법이다. 아이와의 관계도 세련되고 고급스러운 말로 풀어보려고 애써도 회복이 되지 않는다면, 말공부가 아니라 '아이와의 처음'으로 돌아가야 한다.

많은 엄마들이 아이가 사춘기가 되면서 갈등에 휘말린다. 우리 아이가 사춘기라는 걸 언제 어떻게 알아차리느냐는 질문에 가장 많은 답은 '말수가 급격히 줄어들고 표정이 어두워질 때'다. 여러분도 그런가? 사춘기는 신체적으로도 엄청난 성장을 하지만 심리적, 정서적으로도 과도기를 겪는다. 영유아기 때의 성장을 다시 한번 반복한다고 하여 사춘기를 '심리적 이유기'라고 부르기도 한다. 이때는 잘 차려진 한 상 뷔페가 아니라 심리적 이유식이 필요하다. 여러 복잡한 과정을 거친 화려한 말이 아니라 관심을 듬뿍 넣어 버무린 눈빛 하나면 충분하다. 우리 아이가 다시 태어나 내 앞에 있다고 생각하라. 처음 이 아이가 세상에 태어났던 그때로 돌아가자. 아이를 바라보는 것부터 시작해야 한다. 나는 이 아이에 대해서 아무것도 모른다. '궁금해'의 관점으로 아이를 바라보면 아이가 달리 보인다. 안타까운 사실은 아이가 신체적으로 자라는 모습은 반갑게 바라보면서, 정신적으로나 심리적으로 성장하는 것은 미처 보지 못하거나 받아들이지 못하는 부모들이 많다는 점이다. 오히려 반항이나 반발하는 것으로 오해하기까지 한다. 아이가 불현듯 통명스럽게 말을 내뱉는다면, 자기주장이 강해졌다는 의미다. 엄마 말에 요목조목 따지기 시작했다면, 자기 생각이 자라고 있다는 증거다. 아이는 나름의 방식으로 성장하고 있다. 돌 무렵 아슬아슬 두 발로 서서 걷기를 수천 번 반복하는 것처럼 사춘기 우리 아이는 생각이나 신념의 걸음마를 시작하고 있음을 주목하라.

## : 관계에 대한 답은 엄마의 시선에 있다

이쯤에서 다소 엉뚱한 이야기를 하나 해보자. 여러분은 지금 카페에 있다. 이 카페 안에는 수십 명의 사람들이 있다. 모두 당신이 모르는 사람이다. 이 중에서 누군가에게 자꾸 시선이 간다. (물론 여러분은 미혼이다!) 그쪽도 나를 바라본다. 눈이 마주치는 순간, 강력한 이끌림을 느낀다. 그다음은? 자리를 옮겨 앉는다. 그리고 서로 마주 본다. 눈을 맞추는 순간 여러분의 심장은 두근두근 뛰기 시작한다. 온몸이 짜릿해지면서 살짝 열이 오르는 느낌이 든다. 눈 맞춤을 하는 순간, 이 카페 안에는 나와 그 사람밖에 없다. 서로에게 온전히 집중한다. 어느새 서로에게 궁금한 내용을 질문하며 이야기 속으로 빠져든다.

두 사람이 사랑에 빠지는 장면이다. 우리는 말로 사랑을 확인하기 전에 몸으로 먼저 느낀다. 말을 시작하기 전에 시선이 간다거나, 눈을 마주치는 등의 선행 작업이 동반된다. 부모 자녀도 마찬가지다. 아이를 제대로 사랑하기 위해서는 말보다 우선해야 하는 게 있다.

아이와의 꼬인 실타래를 풀 수 있는 열쇠는 다름 아닌 엄마의 시선이다. 엄마의 시선만 잘 관찰해봐도 엄마와 아이의 관계를 가늠해볼 수 있다. 간혹 엄마와 아이가 함께 상담이나 교육에 참여하는 경우, 엄마의 시선을 통해 아이와의 친밀도가 어느 정도인지 알 수 있으며 갈등 여부까지도 파악이 된다. 서로 자연스럽게 바라보며 이야기를 나누는 부모 자녀는 금방 서로의 마음을 열고 웃는다. 반면 자신의 신발 끈만 쳐다보는 아이와 팔짱을 낀 채 턱을 치켜들고 아이를 내려다보는 엄마는 어떨까? 자세히 보면 엄마의 시선은 아이가 아니라 테이블 위에 머물러 있다. 이런 경우 대체로 엄마의 일방적인 조언이나 훈계가 이어지고 아이의 어깨는 점점 쭈그러든다. 급기야 아이는 짜증을 내고, 엄마는 아이의 '버릇없는 태도'에 당황하며 더욱 흥분한다. 이때 서로 눈을 바라보도록 하면 난처해하거나 어쩔 줄 몰라 한다. 눈 맞춤이 익숙하지 않아서다.

## : 몸 맞춤, 눈 맞춤, 마음 맞춤

이제 말공부뿐만 아니라 비언어적인 요소, 즉 신체 언어 공부를 해야 할 때다. 시작은 아이를 바라보는 것부터다. 이 책에서는 엄마의 시선을 중심으로 이야기를 풀어갈 예정이다. 엄마의 시선을 어디에 맞추느냐에 따라 몸에서 눈으로, 그리고 마음으로 따라간다. 편의상 몸 맞춤, 눈 맞춤, 마음 맞춤이라고 이름 지었다. 이 3가지는 다름 아닌 본질적인 사랑 회복법이다.

먼저 엄마의 시선을 아이의 몸에 둔다. 아이의 몸을 관심 어린 눈으로 관찰하는 것이 몸 맞춤이다. 몸이라고 말하지만 사실 아이 존재에 대한 관심과 관찰이라고 보는 게 더 적합하다. 몸 맞춤은 아이와의 접촉을 포함한다. 접촉은 또 다른 형태의 소통이며, 아이의 성장 과정에 없어서는 안 될 영양분이다. 접촉은 애착을 형성하는 동시에 발달 정도를 알아볼 수 있는 지표다. 무대 위에서는 스포트라이트를 받는 사람이 주인공이 된다. 하다못해 구석에 처박혀 있던 보릿자루도 스포트라이트를 받는 순간만큼은 중요한 무엇이 된다. 엄마의 시선이 아이의 존재 위로 쏟아질 때 아이는 우쭐해지며 존재감이 살아난다. 엄마의 시선에 따라 아이의 자존감은 영향을 받는다. 몸 맞춤은 소통의 초급 과정에 해당한다.

다음은 중급 과정에 해당하는 아이와의 눈 맞춤이다. 눈 맞춤은 마주한 두 사람이 서로의 눈을 바라보며 시선을 일치시키는 소통의 한 형태다. 우리는 종종 눈 맞춤의 중요성을 간과한다. 눈 맞춤은 친근감이나 친밀감을 표현하는 것으로, 눈 맞춤만큼 서로에게 집중할 수 있는 것은 없다. 서로에게 눈을 맞추는 순간, 그 공간에는 엄마와 아이 단둘만 오롯이 존재한다. 자신에게 온전히 집중하는 엄마를 통해 아이는 사랑을 확인하며 안도한다. 눈만큼 우리의 감정과 마음이 잘 드러나는 곳은 없다. 눈은 마치 건물 내부를 들여다볼 수 있는 창과 같아서, 눈 맞춤을 통해 아이의 마음을 깊이 들여다볼 수 있다. 눈을 통하지 않고서는 아이의 마음과 감정, 욕구로 들어갈 길이 없다. 따라서 엄마는 아이와의 눈 맞춤을 무시하거나 그 중요성을 간과해서는 안 된다. 눈 맞춤에도 연습이 필요하다.

마지막으로 몸 맞춤과 눈 맞춤의 단계를 거쳐 아이의 마음속으로 걸어 들어간다. 드디어 마음 맞춤이다. 마음 맞춤은 공감의 다른 표현으로, 부모 자녀 소통의 핵심이자 고급 과정이라 할 수 있다. 공감만큼 오해를 많이 받는 게 또 있을까? 공감을 모르는 엄마는 단 한 명도 없다. 그렇다고 100% 공감을 안다고 자신하는 엄마도 만나지 못했다. 부모 교육이나 책을 통해 배우고 익혀도, 아이 앞에서 와르르 무너지는 경험을 엄마라면 누구나 해봤다. 이는 엄마들의 공통된 좌절 경험이다. 잘못된 방법이 엄마들을 좌절시켰다면 이제 방법을 달리할 필요가 있다. 먼저 몸 맞춤과 눈 맞춤의 단계를 거쳐 엄마의 시선을 아이의 내면 깊은 곳으로 옮겨야 한다. 아이 마음 안에서 무슨 일이 일어나고 있는지 궁금해해야 한다. 아이의 욕구나 가치 등을 살펴야 한다. 칠흑 같은 어둠 속을 운전하면 아무것도 보이지 않지만, 자동차의 헤드라이트를 켜면 어둡던 골목이 환해지면서 구석구석이 드러난다. 이처럼 엄마의 시선으로 아이 내면을 찬찬히 비추면 아이 마음이 표면 위로 떠오른다. 엄마가 자신의 마음을 알아주는 것만으로도 아이는 위로를 받는다. 아이의 감정과 욕구를 수용하고 인정해줄 때 비로소 아이의 마음이 엄마에게 닿는다.

혹자는 공감을 예술이라고 표현한다. 공감은 탱고를 추는 것과 같다. 탱고를 추는 두 사람을 보라. 음악이 시작되는 순간부터 상대에게서 눈을 떼지 않고 온전히 집중한다. 말은 나누지 않지만, 몸으로, 눈으로, 마음으로 일치되어간다. 때로는 격렬하게, 때로는 우아하게, 둘이 마치 한 몸처럼 움직인다. 이미 그 공간에는 두 사람만 존재한다. 빠른 움직임에도 발이 뒤엉키지 않는 비밀은 서로의 마음을 읽는 데 있다.

아이를 온 존재로 느껴본 적이 있는가? 아이의 체온과 향을 느껴본 적이 있는가? 아이와의 소통에 어려움을 겪고 있다면 처음부터 다시 시작한다고 생각하자. 기초 단계부터 찬찬히 실천해보면 보이지 않던 아이의 마음이 드러나고 몰랐던 아이의 모습이 눈에 들어온다. 마치 비가 충분히 내려야 아스팔트 아래로부터 시큼한 흙냄새가 올라오듯 아이에게 관심과 주의를 온전히 쏟아부어야 묵은 상처와 진심이 드러난다. 아이의 표정과 자세에서 나타나는 비언어적인 정보를 정확하게 읽어낼 수 있는 엄마가 더없이 좋은 엄마다. 아이와 함께 호흡하며 느낄 수 있는 엄마면 충분하다.

2장

# 몸 맞춤, 자존감이 자라다

# 접촉은 신의 선물이다

오늘 하루 아이를 온몸으로 안아줬는가?

최근에 아이를 안아주거나 등을 쓰다듬거나 어깨를 토닥여준 적이 언제인가?

## : 그 엄마가 접촉이 어려운 이유

1년 전 상담에서 만난 엄마의 사례다. 초등학교 1학년과 3학년 아이 둘을 키우고 있는데, 아이들은 둘 다 정서적인 문제로 모래

치료를 받는 중이었다. 엄마는 아이들을 잘 보살피고 싶어 고군분투하고 있었다. 되도록 아이들의 마음을 들어주려고 소통을 게을리하지 않았고, 많은 시간을 아이들에게 할애하고 있었다. 다만 엄마에게 도저히 안 되는 게 하나 있다면, 바로 신체적 접촉이었다. 무엇보다 안아주기가 힘들다고 했다. 아이들과 살갗만 닿아도 소스라치게 놀란다고 했다. 식당에서도 아이들은 엄마 옆이 아니라 아빠 옆에 앉아야 했고 집에서도 엄마와는 늘 일정 거리를 유지했다. 밤에 아이가 엄마 아빠의 이불 속으로 들어오는 순간 불같이 화를 내서 아이가 서럽게 운 적도 여러 번이었다.

엄마의 기억 속에는 자신의 엄마로부터 받은 상처가 녹슨 못처럼 박혀 있었다. 6살 무렵이었다. 일터에 나갔다 돌아온 엄마가 안방에 누워 있는 걸 봤다. 어린 마음에 너무나 반가워 달려가 안겼다. 그때 엄마는 어린 딸을 밀치면서 "저리 가! 피곤해"라고 말했다. 자라는 내내 엄마는 얼음처럼 차가웠으며, 무엇보다 안아주거나 보듬어주는 등의 신체적 접촉을 하지 않았다. 늘 외롭고 우울했다. 엄마가 금방이라도 자신을 버리고 떠날 것 같은 불안감이 어린 딸을 괴롭혔다. 사춘기 때는 쌓이고 쌓인 분노가 폭발할 것 같아서 키우던 고양이를 괴롭히기 시작했다. 결국 고양이는 죽었다. 이제 어린 딸은 엄마가 되었지만, 자신의 모습에서 어린 시절 그토록 차가웠던 엄마를 본다. 그리고 어릴 때의 내가 그랬던 것처럼 우리 아이들도 아프다.

## : 접촉이 아이에게 중요한 이유, 학습과 인성

사람마다 가장 어린 시절의 초기 기억이 있다. 나의 경우, 몇 살인지도 모를 어린아이였을 때 엄마 등에 업혀서 어디론가 가는 장면이 내 인생 첫 번째 기억이다. 나중에 엄마에게 확인했을 때 그곳이 이모 집이었다는 걸 알았다. 뜨끈한 엄마 등에 찰싹 붙어서 포대기로 지탱이 되어 있던 그 순간의 느낌은 아늑하고 포근했다. 모든 것이 안정적이었고 더없이 편안했다. 혼자가 아니라는 느낌과 보호받고 있다는 기억은, 어쩌면 50년 넘게 내 인생을 지탱해 주는 지지대 역할을 하고 있을지도 모른다.

이처럼 접촉의 중요성은 아무리 강조해도 지나치지 않다. 우리는 이미 영유아기 아이들에게 신체적 접촉은 뇌 활동을 자극한다는 사실을 알고 있다. 최근 일본 교토대학교 연구팀에서 발표한 바에 따르면, 단어를 외우는 등 학습을 할 때도 신체적 접촉이 동반된 경우가 훨씬 더 효과적이라는 사실이 밝혀졌다. 어른이 간질이는 등 신체적 접촉을 할 때 더 잘 웃는 아이일수록 단어를 들었을 때 뇌 활동이 더 활발한 것으로 나타났다. 마찬가지로 가볍고 따뜻한 신체적 접촉을 동반한 대화가 아이들에게 몇 배나 더 효과적이다.

학습뿐만 아니라 인성적인 측면에서도 접촉은 아주 중요하다. 신체적으로 애정을 표현하는 걸 금기시하는 문화권에서 자란 아이들이 성인이 되면 폭력성이 높아지는 반면, 육체적 애정 표현이 자유롭고 권장하는 문화권의 경우 성인들 간의 폭력이 거의 일어나지 않는다고 보고되고 있다. 그럴 때마다 우리나라의 포대기 문화가 얼마나 위대한지를 새삼 깨닫게 된다. 포대기야말로 접촉을 돕는 가장 안전한 장치가 아닐까? 더 이상 포대기를 찾아보기가 어렵다는 사실이 안타깝다. 오히려 외국에서 포대기 문화가 붐을 일으킨다는 뉴스를 본 적이 있다. 실제로 유튜브에서 영어로 'Podaegi'라고 검색하면 외국인들이 우리나라의 포대기를 활용하는 다양한 영상을 볼 수 있다.

## : 접촉은 아이의 성장에 절대적이다

1989년 12월, 공산주의 국가 루마니아를 지배했던 독재자 니콜라에 차우셰스쿠Nicolae Ceaușescu 정권이 무너졌다. 독재 정권의 민낯은 다름 아닌 고아원 문이 열리면서 세상에 그 실체를 드러냈다.

인구가 많을수록 국력이 신장된다고 믿었던 차우셰스쿠는 피임과 낙태를 금지했다. 모든 여성에게 의무적으로 4명의 아이를 낳게 하고, 이를 어기면 특별 세금을 내도록 했다. 원치 않은 임신을 한 여성들은 경제적인 압박으로 인해 하는 수 없이 고아원에 아이를 버렸고, 이렇게 버려진 아이들만 수만 명이었다. 정권의 붕괴와 동시에 고아원 문이 열리면서 공개된 아이들의 모습은 전 세계를 경악시켰다.

아이들은 일반적인 아이들과는 다른 행동과 태도를 보였다. 아무 의미 없이 몸을 앞뒤로 흔들거나, 자신의 머리를 벽에 쿵쿵거리며 박거나, 이상하게 얼굴을 찡그리거나, 감정에 무감각한 듯 아무런 표정을 짓지 않았다. 낯선 사람이 다가가도 별다른 반응을 보이지 않았다. 고아원 안에서 학대는 없었다. 다만 보모 한 명당 수십 명을 돌봐야 하는 열악한 환경으로 인해 살뜰한 보살핌은 그림의 떡이었다. 일례로 생후 1년도 안 된 아이들은 기둥에 매달린 젖병으로 분유를 먹어야 했다. 이처럼 생존에 필요한 최소한의 기초적인 것만 제공된 채 따뜻한 신체적 접촉이 전혀 없는 환경이었다. 아이들은 사람들을 피하고 자신에 대한 감각조차도 느끼지 못했다. 슬픈지, 기쁜지, 우울한지조차도 느끼지 못하고 그저 허공만 멍하니 바라봤다. 뇌 영상 촬영 결과 아이들은 변연계를 비롯한 두뇌 발달에 심각한 손상을 입었음이 밝혀졌다. 일반적인 아이들에 비해 뇌 크기가 작았고, 성장한 후에도 기억과 언어를 담당하는 측두엽이 제대로 발달하지 않았다.

미국의 문화 인류학자 애슐리 몬터규Ashley Montagu는 "인간은 접촉 없이 살아갈 수 없다. 접촉의 욕구가 충족되지 않을 때 비정상적인 행동이 결과로 나타날 것이다"라고 말했다. 신체 접촉은 인간 발달에 선택적인 게 아니다. 세상에 처음 태어나는 아기들은 신체적 접촉을 통해 의사소통을 한다. 인간이 세상에 태어나서 처음으로 배우는 언어가 바로 접촉이다. 아이의 머리를 쓰다듬거나 볼을 비비거나 배를 간질이거나 혹은 꼬집는 등의 접촉은 모두 의사소통의 일환이다. 사람 사이의 신체 접촉은 중요한 사회적 접착제로 작용한다. 자라는 아이에게는 그저 충분한 음식과 적절한 생활 환경만으로 부족하다. 아이들의 신체 성장, 정서 및 인지 발달을 위해서는 적절한 신체적 접촉이 필수적이다. 앞에서 언급한 루마니아 고아원의 사례처럼 신체적 접촉이 결핍된 환경에서 자란 아이들은 정서적으로 미성숙하거나 인지 발달에서 문제를 겪는 것은 물론, 신체적 건강에도 문제가 생긴다.

## : 엄마에게도 접촉은 중요하다

접촉의 양은 아이들마다 차이가 있다. 엄마 껌딱지인 아이가 있는 반면에, 가까이만 다가가도 "엄마, 왜 이러세요?"라며 화들짝 놀라 물러서는 아이도 있다. 엄마 품에서 슬그머니 빠져나오려 몸을 비트는 아이도 있다. 어릴 때는 잘만 안기던 아이가 초등학교 고학년이 되더니 엄마와 점점 거리를 두기 시작한다.

아이들이 점차 성장하면서 접촉의 양은 현저하게 줄어든다. 물리적으로 아이와 함께할 시간도 적어지지만, 접촉에 대한 중요성도 그만큼 소홀히 다뤄지고 있다는 점이 안타깝다. 덩치가 엄마보다 큰데 어떻게 안아주느냐고 반문할 수도 있다. 꼭 안아주라는 의미가 아니다. 어린아이는 안아주거나 뽀뽀를 하는 등의 신체적 접촉을 할 수 있다. 하지만 아이가 어느 정도 성장한다면 그보다는 덜 직접적이지만 여전히 엄마의 체온을 느낄 수 있는 정도의 접촉이 중요하다. 신체적 접촉에 엄마의 따뜻한 시선이 얹어진다면 더할 나위 없다.

접촉은 아이들에게만 영향을 미치는 게 아니다. 아이와 꼭 끌어안을 때 엄마에게도 긍정적인 현상이 나타난다. 엄마 안에서는 옥시토신이라는 호르몬이 분비되고 행복감이 증가한다. 잠시 우울하고 지쳤던 엄마도 아이를 꼭 끌어안는 순간 기분이 한결 나아진다. 아이뿐만 아니라 성인에게도 신체적 접촉은 중요하다. 미국 펜실베이니아대학교 연구팀은 대학생들을 대상으로 포옹에 대한 연구를 진행했다. 한 달가량 하루 5회씩 포옹을 하거나 받도록 했을 때, 포옹을 하지 않은 그룹보다 포옹을 꾸준히 한 그룹이 훨씬 더 큰 행복감을 느낀 것으로 나타났다. 간단하게 껴안는 것만으로도 사랑의 호르몬이자 신경 전달 물질인 옥시토신 분비를 증가시켜 공포, 불안, 공격성 등을 관장하는 뇌 부위인 편도체의 긴장이 풀린다.

이처럼 접촉은 아무런 비용이 들지 않고, 누구나 할 수 있을 뿐만 아니라, 부작용 또한 전혀 없다. 오히려 긍정적인 효과를 가져오는 접촉은 어쩌면 신이 인간에게 준 가장 값진 선물일지도 모른다.

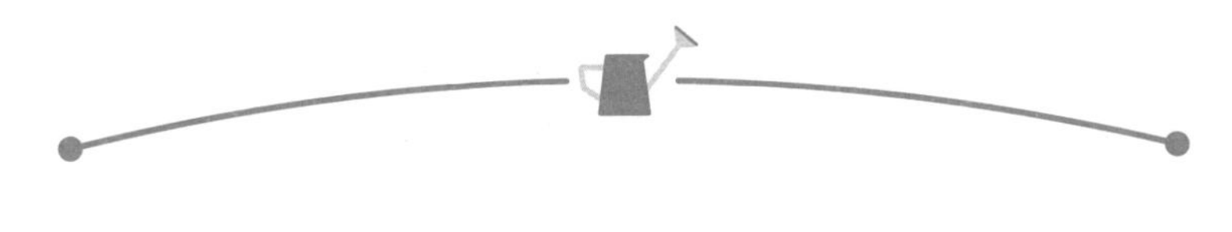

# 아이를 키우는 엄마의 따뜻한 시선

며칠 전 길을 걷다가 엄마와 손을 잡고 가는 여자아이를 봤다. 초등학교 1학년쯤 되었을까? 두 사람은 손을 잡고 걷고 있었지만 왠지 모르게 아이의 걸음이 불편해 보였다. 어쩌다 마음이 쓰여, 조금 떨어져서 그 둘을 관찰하며 걷게 되었다. 아이는 엄마를 쳐다보면서 연신 무언가를 종알거린다. 아이가 숨도 안 쉬고 한 움큼의 말을 쏟아내면 엄마는 그저 단답형의 대답을 툭 던진다.

"엄마, 엄마, 내 다리 정말 길지? 그치?"

"응."

엄마의 대답은 이것으로 끝이다. 아이를 쳐다보거나 하다못해 다리를 한번 쓱 훑어보지도 않는다. 엄마가 성의 없이 던진 대답 뒤로 아이의 어깨는 쪼그라든다. 어느 순간부터 아이는 숨이 차는 듯하다. 조그만 입으로 숨을 헉헉거리고 있지만, 엄마는 그조차도 모른다. 그러고 보니 아이의 걸음 속도가 아니라 엄마의 걸음 속도에 맞춰서 걷고 있었다. 아이는 손을 잡힌 채로 거의 반 끌려가다시피 가고 있었다.

아이의 질문에 단답형의 대답을 하는 엄마, 우리 아이가 왜 느닷없이 다리 이야기를 꺼내는지가 전혀 궁금하지 않은 엄마, 우리 주변에서 흔히 볼 수 있다. 어쩌면 이 아이는 "너무 빨리 걸어서 힘들어요"를 말하고 싶었는지도 모른다. 어쩌면 이 아이는 "나도 엄마 다리처럼 길어서 더 빨리 걷고 싶어요"를 말하고 싶었는지도 모른다. 이때 엄마가 잠시만 멈춰 서서 아이를 바라봐줬다면 어땠을까? 아이의 이마에 맺힌 땀을 발견했다면 어땠을까? 단 한 번이라도 시선을 아이에게 줬다면 어땠을까?

## : 엄마의 시선은 아이의 발달에 영향을 미친다

오늘 아침부터 지금까지 본 것을 다 기록해보라. 사람이든 사물이든 상관없다. 뭐든 기억나는 대로 적어보라. 몇 가지를 적었는가? 적은 것들을 다시 찬찬히 살펴보라. 자세히 살펴보면 그들 사이에 공통점이 있다. 현재 관심이 있는 무언가에 우리의 시선이 쏠린다. 가령 자동차를 새로 사야겠다고 마음먹는 순간 자동차가 끊임없이 시선 속으로 들어온다.

23년 전 큰아이 임신 진단을 받은 날이었다. 설레면서도 낯선 마음을 안고 병원을 나서는 순간부터 집에 도착한 순간까지, 내 눈을 스쳐간 신생아들이 과장을 조금 보태서 족히 10명은 넘었다. 철이 자석에 끌리듯이 유독 유모차나 엄마 품에서 꼼지락거리는 신생아들만 시선 속으로 들어왔다. 이렇듯 우리의 시선을 어디에 둘지 결정하는 중요한 지표는 바로 관심이다. 관심이 없으면 시선이 가지 않는다. 엄마의 시선은 아이를 향한 관심의 표현이다. 엄마가 아이를 바라보는 것에서부터 관계는 시작된다. 태어나서 아이가 자신의 의사를 말로 표현하기 전까지 아이와 엄마의 가장 중요한 대화는 바로 '쳐다보는 것'이다. 엄마는 아이의 몸을 요모조모 살피거나 눈을 바라보면서 아이의 필요와 요구를 알아차린다. 엄마가 자신을 어떤 시선으로 바라봐주느냐는 아이가 스스로 자신이 어떤 존재인지를 알 수 있는 단서가 된다.

갓 태어난 아이는 스스로에 대한 자아상을 갖고 있지 않다. 내가 누구인지, 세상은 어떤 곳인지, 타인들은 어떤지에 대한 아무런 기초 지식이 없다. 아이는 태어나는 순간부터 탐색을 시작한다. 나는 누구일까? 아이가 세상에 태어나 처음으로 인식하는 사람은 '나'가 아니라 '엄마'다. 아이의 자기 개념은 엄마가 자신을 어떻게 바라보느냐에 따라 점차 완성된다. 엄마가 나를 보고 환하게 웃어주면 나는 귀엽고 사랑스러운 아이가 된다. 엄마가 나를 걱정스럽고 불쌍한 눈으로 바라보면 나는 걱정스럽고 불쌍한 아이가 된다. 엄마가 나를 한심하게 쳐다보면 나는 한심한 아이가 된다. 엄마가 나를 보고 화를 내면 나는 뭔가 못된 짓을 한 나쁜 아이다. 세상은 어떤 곳인가? 아이 앞에 나타나는 엄마는 세상의 모든 사람들을 대신한다. 인간은 이 '엄마' 안에 모두 포함된다. 엄마가 나를 노려보면 세상이 나에게 적대적이라 여긴다. 나는 세상과 맞서야 하는 존재다. 엄마가 나를 쳐다보지 않는 것은 세상이 나에게서 등을 돌리는 것과 같다. 아이는 이 세상에 존재하지 않는 것과 다름없다. 존재 자체에 대한 거부와 거절이다.

우리 안에는 자신이 어떤 사람인지를 알아가기 위해 끊임없이 다른 사람의 확인을 필요로 하는 메커니즘이 있다. 긍정적이든 부정적이든 엄마의 시선은 아이의 발달에 영향을 미친다. 미국의 심리학자 에릭 에릭슨Erik Erikson은 사람은 서로를 바라보면서 알아간다고 봤다. 그는 아이를 향한 엄마의 시선이 아이의 건강한 발달에 아주 중요하다고 주장했다. 시선을 받는다는 것은 곧 사랑을 받는다는 걸 의미한다. 자신을 지긋이 바라보는 엄마를 통해 아이는 자기 존재가 있는 그대로 받아들여진다고 느낀다.

이처럼 엄마의 시선은 아이의 자아상을 형성하는 기초다. 한번 자아상을 만들고 나면 쉽게 바뀌지 않는다. 자기 개념을 긍정적으로 만들어갈지 부정적으로 만들어갈지를 결정하는 중요한 지표는 엄마다. 자신뿐만 아니라 타인과 세상을 믿어도 좋은지에 대한 기준도 엄마의 시선과 반응에 달려 있다.

## : 제발 나 좀 봐줘요!

학교에서 여러 가지 문제를 일으켜 상담이나 교육에 오는 아이들 중에는 간혹 폭력에 연루되어 이마가 찢기거나 팔 등에 상처를 입은 아이들이 있다. 어쩌다 다쳤냐고 물으면 실없이 웃으며 별것 아니라고 말한다. 그런데 부모님은 보시고 뭐라고 하셨냐고 질문하면 이내 고개를 떨어뜨린다.

"엄마랑 아빠는 모르시는데요."

아이가 상처를 입었는데 부모가 모르는 게 가능할까? 아이들은 헤어밴드를 하거나 긴팔을 입으면 감쪽같이 부모를 속일 수 있다고 말한다. 부모가 자신에게 관심이 없어서 속이기가 식은 죽 먹기보다 쉽다는 아이들. 이처럼 부모의 시선에서 사라진 아이들이 있다. 누군가의 시선에서 사라진다는 것은 무엇을 의미할까?

고등학교 때 오빠와 심하게 싸운 적이 있었다. 오빠를 치켜 올려보며 바락바락 대드는 순간, 화가 난 오빠가 손으로 내 얼굴을 밀쳤고 그 바람에 입술이 터져 조그만 멍이 2개 생겼다. 보는 사람들이 입술에 김 붙었다고 떼라고 할 때마다 민망하고 창피해서 쥐구멍에라도 숨고 싶은 심정이었다. 멍은 한 달 가까이 없어지지 않았고, 그 한 달 동안 나는 단 한 번도 오빠의 눈을 쳐다보지 않았다. 철저하게 시선을 오빠에게서 거둬들였다. 옆에 와서 어깨를 툭툭 치며 장난을 걸어도 아는 체를 하지 않았다. 오빠는 나의 시선에서 철저하게 소외되었다. 시간이 더해갈수록 오빠는 힘들어했고, 어울리지 않는 아양과 선물 공세를 퍼부었다. 오빠가 내 눈치를 보는 건 일상이 되었다. 결국 한 달이 지날 즈음 오빠의 진심어린 사과를 받아내고야 말았다.

시선에서 사라지는 건 관심에서 추방당하는 것과 같다. 그 사람과의 연결이 끊어짐을 의미한다. 아이들에게 부모의 사랑은 물과 공기처럼 절대적이고 필수적이다. 인간은 생존하기 위해 일정 기간은 양육자의 도움이 반드시 필요하다. 4살 아이가 엄마가 마음에 들지 않는다고 짐을 싸서 집을 나가는 일은 상상조차 할 수 없다. 양육자가 제대로 돌봐주지 않으면 혼자 힘으로 세상에서 살아남을 수가 없다. 이처럼 독립해서 삶을 영위할 수 없는 어린아이들에게 양육자로부터 사랑받는 것은 지상 과제다. 사랑받지 못하는 건 생존을 위협받는 일이다. 안 예쁘다고 엄마가 밥을 안 준다면 어떻게 될까? 말을 안 듣는다고 집에서 내쫓는다면 어떻게 될까? 아이들은 사랑받고자 하는 욕구, 인정받고자 하는 욕구를 타고난다. 부모의 시선에서 사라진 아이들은 자신의 존재를 증명하기 위해서 뭐라도 해야 한다. 부모의 시선을 끌기 위해서 몸부림친다. 가만히 있으면 자기 존재가 마치 소멸될 것 같은 불안감에 시달린다. 자신이 여기 있다는 걸 알려야 한다. 왜곡되고 잘못된 방법이라도 존재가 드러나면 괜찮다. 그렇게라도 살아 있음을 확인받고 싶은 아이의 간절함이다. 부모의 시선에서 사라진 아이들은 지금 이 순간에도 외친다.

"제발 나 좀 봐 줘요!"

## : 그 아이가 문제 행동을 일으킨 이유

아이가 동생이 생기면 갑자기 안 하던 행동을 하거나 말썽을 일으키는 경우가 있다. 오줌을 싸거나 젖병을 고집하는 등 퇴행 행동으로 엄마를 당황케 하기도 한다. 그동안 자기에게 온전히 쏠렸던 엄마의 시선을, 하루아침에 갓 태어난 동생에게 빼앗겼다. 엄마의 시선에서 사라진 아이는 불안하다. 사랑을 확인하고자 끊임없이 돌출 행동을 한다.

> 엄마와 아빠, 오빠는 바닷속에서 신나게 물놀이를 하고 있다. 그리고 나는 구석에 앉아서 그들을 쳐다보고 있다.

몇 년 전 장애 아동 가정의 비장애 아이와 엄마가 함께하는 캠프 중에 초등학교 5학년 아이가 그린 그림의 내용이다. 공교롭게도 그날 대부분의 아이들 그림에서 공통점이 나타났다. 그들 그림 속 엄마와 아빠의 시선은 장애 아동에게 쏠려 있었다. 부모의 시선에서 밀려난 비장애 아이들은 동떨어진 곳에서 그들을 바라보고 있다. 그림 속에서 그들이 외치는 소리가 들린다. "엄마! 아빠! 나도 있어요!"

장애인 복지관이나 관련 기관에서 장애 아동을 둔 부모의 상담이나 교육을 5년 넘게 해오고 있다. 장애 아동이 있는 경우 어쩔 수 없이 장애 아동에게 더 많이 신경을 쓰게 된다. 장애의 정도에 따라 하루 중 대부분을 장애 아동을 돌보는 데 할애하는 경우도 있다. 비장애 아이들은 알아서 척척 모든 일을 잘하고 있으니까 아무 문제가 없다고 생각하기 쉽다. 문제는 이 아이들이 겪는 마음의 상처다. 물론 전부는 아니지만, 많은 비장애 아이들은 건강한 자신에 대한 죄책감이나 미안함 같은 심리적 문제에 더해 거부와 거절의 상처로도 고통받는다. 이 아이들은 엄마의 시선 영역에서 벗어나 있다 보니 뭐라도 해야 하는 운명이다. 엄마의 시선을 조금이라도 받으려면 엄마를 도와야 한다. 착한 아이가 되어야 칭찬을 받고 관심을 얻는다. 엄마는 장애가 있는 형제자매를 살뜰히 보살피는 아이가 고맙고 대견하지만, 아이는 '시선 결핍'을 느낀다. 비단 장애 아동뿐만 아니라 형제 중 특출나게 무언가를 잘하는 아이가 있으면 그 아이에게 엄마의 시선이 쏠리고, 나머지 아이는 관심 영역 밖으로 밀려난다.

실제로 청소년 특별 교육이나 상담에서 만나는 아이들 중에는 시선 결핍을 호소하는 경우가 많다. 너무나 잘난 형제자매 때문에 부모의 시선 밖으로 쫓겨난 아이들은 상담 현장의 단골손님이다. 예전에 상담에서 만난 엄마의 고민이다. 큰아이가 피아노를 치고 있어서 엄마는 큰아이 뒷바라지에 여념이 없었다. 피아노에 소질이 있어 대회마다 상을 휩쓸다 보니 기대가 클 수밖에 없었고, 엄마의 뒷바라지가 필수적이었다. 문제는 작은아이였다. 얌전하던 아이가 중학교에 들어가면서 학교에서 여러 문제 행동을 일으켰고, 이내 엄마와의 갈등이 최고조에 달했다. 작은아이가 원하는 건 엄마의 관심, 즉 시선이었다.

자기 존재를 확인받고 싶지만 아무도 자신을 바라봐주지 않을 때 아이들은 심리적으로 혼란을 겪는다. '나'가 없다. 잘났든 못났든 '나'가 있어야 하는데, 내 존재가 희미하게 형체로만 움직인다. 엄마의 따뜻한 시선은 곧 자기 존재에 대한 인정과 수용이다. 엄마의 시선에서 밀려나 있는 아이는 자기 자신에 대한 확신도 신뢰도 없다. 마치 자신에게 눈길 한 번 주지 않는 사람 앞에서 '생쇼'를 하고 춤을 추듯이 아이는 엄마 앞에서 '별짓'을 다 해본다. 엄마가 원하는 '착한 아이'나 '완벽한 아이'가 되려고 애쓰기도 한다. 반면에 어떤 아이들은 부정적이고 왜곡된 행동을 통해서라도 엄마의 애정을 확인하려 든다. 이 행동 이면에는 튼튼한 관계의 끈을 잇고 싶다는 소망이 숨어 있다.

## : 아이를 인생의 주인공으로 만드는 힘

지우개가 있다면 지우고 싶은 악몽 같은 집단 상담의 기억이 있다. 초보 시절 처음으로 만난 20명 남짓 아이들과의 6개월 여정이었다. 나를 아래위로 훑어보면서 뱉은 "재수 없어"가 첫인사였다. 정서적으로도, 사회적으로도 열악한 환경에서 자라난 아이들이라 특별한 세심함과 주의가 필요했다. 상담 중에도 싸움과 고성이 난

무해 다치는 일도 허다했다. 일주일에 한 번 그 아이들을 만나러 가는 길은 가방 대신 100kg 쇳덩이를 지고 가는 느낌이었다. 무엇보다 시도 때도 없이 날아드는 아이들의 고함 소리는 더 당혹스러웠다.

"왜 걔들만 봐요!!!"

"우리 쪽 보면서 이야기하라구요!!!"

이쪽을 보면 저쪽에서, 저쪽을 보면 이쪽에서, 스테레오가 따로 없었다. 그때는 아이들이 마냥 성가시고 버겁다고만 느꼈는데, 돌이켜 보면 아이들은 지독한 시선 결핍을 호소하고 있었다. 만약 나에게 시간을 돌릴 수 있는 마법이 있다면 다시 그 순간으로 돌아가고 싶다. 누군가 자기를 봐달라고 소리치면 얼굴을 바짝 갖다 대고 말하겠다. "지금부터 5분 동안은 너만 쳐다볼 거야"라고. 산만하고 활기 넘치는 아이들과 무얼 할까 고민 따위는 집어치우고, 아이들 하나하나와 얼굴을 맞대고 시선 샤워를 퍼부어주겠다.

대학 시절 대학로 소극장에서 행위 예술 공연을 관람한 적이 있다. 관객은 나 하나뿐이었다. 내가 나가버리면 공연은 진행될 수 없었다. 그때 배우들의 간절한 눈빛은 나로 하여금 창피함과 불편함을 무릅쓰고 끝까지 앉아 있도록 만들었다.

아이들은 누구든지 어떠한 상황에서라도 자기 인생의 주인공이어야 한다. 인생이라는 무대 위에 서 있는 아이에게 가장 절실한 것은 환한 스포트라이트다. 그래야 내 존재가 드러난다. 누구라도 한 사람 나를 봐주는 이가 있어야 한다. 아이를 주인공으로 만드는 힘, 그건 바로 엄마의 따뜻한 시선이다.

# 자존감이 도대체 뭐길래

"우리 아이의 자존감을 키워주려면 무엇이 가장 중요할까요?"

이런 질문을 강의 중에 하면 열에 아홉은 '칭찬'이라고 목청껏 외친다. 그러면 나는 다시 묻는다. "어머님들은 어떨 때 칭찬을 하시나요?" 여러분은 어떤가? 여러분도 아이의 자존감을 키워주기 위해서 칭찬이 가장 중요하다고 생각하는가? 그렇다면 생각해봐야 한다. 주로 어떨 때 칭찬을 하고 있는지. 칭찬은 아이가 뭔가 성과를 냈을 때, 또는 마음에 쏙 드는 일을 했을 때 하기 쉽다. 다시 말해, 아이의 행동이 부모의 기대를 충족시켰을 때 주어지는 게 칭찬이다. 대부분의 엄마는 아이가 가만히 있는데 칭찬하지 않는다. 성과를 내거나 뭔가를 잘했을 때만 받는 칭찬이 정말 아이의 자존감을 키워줄까?

## : 칭찬이 정말 아이의 자존감을 키워줄까?

몇 년 전 KBS2 〈안녕하세요〉라는 프로그램에 초등학생 여자아이가 고민의 주인공으로 출연한 적이 있었다. 내 기억에 이 아이는 학원을 11개인가를 다닌다고 했다. 그러다 보니 저녁 먹을 시간이 없어서 이동 시간에 잠깐 짬을 내어 편의점에서 삼각김밥으로 끼니를 간단하게 해결한다. 성적도 웬만하면 100점이고 어쩌다 한두 개 틀린다. 분야를 불문하고 대회를 나가면 최우수상이나 우수상 정도는 받는다. 그렇다면 이 아이의 고민은 학원을 너무 많이 다녀서 힘들다는 걸까? 천만의 말씀, 이 아이의 고민은 '엄마와 아빠가 칭찬을 안 해주는 것'이다. 100점이나 최우수상을 받을 때만 인정해주고 1개만 틀려도 "네 방으로 꺼져!"라며 화를 낸다. 아이는 녹화 중에 갑자기 울음을 터뜨려서 패널들과 방청객들을 당황스럽게 만들었다. 녹화 내내 자신에게 쏟아지는 그들의 따뜻한 눈길과 엄청난 격려가 꾹꾹 눌러둔 감정의 물꼬를 건드린 것이다. 그동안 막아뒀던 감정의 벽이 허물어져 봇물 터지듯 눈물이 쏟아진 것이다.

이 아이의 자존감은 어떨까? 공부뿐만 아니라 뭐든지 똑 부러지게 잘하니까 자존감도 당연히 높을까? 물론 자존감 지수를 정확히 측정해보지 않아 확언할 수는 없지만, 낮을 확률이 높다. 자존감은 자기 가치감이다. 자기 자신이 얼마나 괜찮은 사람인지에 대한 인식이다. 그런데 이 아이는 조건적으로 자신의 가치를 확인받고 있다. 100점이나 최우수상을 받을 때만 엄마의 관심이 자신에게 머물고 그 외에는 시선에서 야멸차게 내쫓긴다. 뭘 잘해서가 아니라, 잘나서가 아니라, 존재 자체로 소중하고 중요한 사람이라는 확신이 있어야 하는데, 확신이 없다. 시험에서 하나만 틀려도 엄마의 사랑은 언감생심 꿈도 못 꾼다. 엄마와 아빠로부터 사랑받기 위해서 매 순간 애써야만 한다. 날마다 전쟁을 치르듯 최선을 다해야 하는 삶은 어떨까? 이 아이의 표정에서 고단함이 묻어났다. 햇빛을 받지 못해 말라가는 식물처럼 점점 시들어가다 어느 순간 회의가 온다. 도대체 내가 왜 이렇게 살아가고 있는지? 나는 어디에 있는지? 나는 본질적으로 누구인지?

## : 좌절은 아이의 성장에 필연적이다

전문가들은 자존감의 결정적 시기를 초등 저학년으로 본다. 유아기 때까지 아이는 세상이 자신을 중심으로 돌아간다고 착각한다. 모든 것이 자기중심적이며 자신을 거대하게 인식한다. 드레스만 걸치면 엘사 공주가 되고, 가면만 쓰면 배트맨이 된다. 순식간에 왕자와 사랑에 빠지고, 그깟 지구를 구하는 일은 식은 죽 먹기다. 이때는 엄마의 과하고 부풀린 반응과 칭찬이 아이의 자기애적 욕구를 충족시켜준다. 우리 아이가 처음으로 걸음을 뗐던 날을 기억해보라. 온 가족이 아이를 둘러싸고 있다. 모든 시선이 아이에게로 쏠린다. 아이가 한 발을 떼는 순간 탄성이 터지고, 마치 복권에 당첨이라도 된 듯 부둥켜안고 감격한다. 아이는 자신이 아주 대단한 과제를 해냈음을 직감적으로 알아차린다. 스스로가 기특하다.

전문가들은 영유아 시기를 전지전능의 시기로 본다. 특히 유아기는 우리가 기억할 수 있는 가장 어린 시절이다. 이 시절의 칭찬이나 비난은 평생에 걸쳐 영향을 미친다. 나 역시도 6살 때 숫자 8을 제대로 정확히 썼다고 엄마가 흥분하며 칭찬하던 기억이 또렷하다. 그 일로 인해 나에게는 '나는 공부를 잘하는 사람'이라는 믿음이 생겼고, 학창 시절 공부정체감에 결정적 영향을 미쳤다. 이처럼 이 시기에는 다소 과장되고 부풀린 칭찬이 필요하다.

그러나 초등학교에 들어가면서 환경이 달라진다. 집 밖을 나온 아이들은 조직 속 구성원 중 하나에 지나지 않는다. 이제부터 자신의 욕구가 아니라 조직의 규율과 규칙이 우선시된다. 자신이 원하든 원하지 않든 40분을 꼼짝없이 의자에 앉아 있어야 한다. 몸이 뒤틀려서 돌아다니고 싶어도 안 된다. 화장실은 가고 싶다고 아무 때나 갈 수 있는 곳이 아니다. 당연히 주목을 받지 못할 수도 있다. 수업 시간에 손을 든다고 매번 나를 시켜주지 않는다. 이때부터 아이의 자기 개념은 다시 다듬어진다. '거대 자아'에서 '현실적인 자아'로 바뀐다. 모든 것이 다 가능한 줄 알았던 '착각'의 껍질이 벗겨지고, 이제 할 수 있는 것보다 할 수 없는 게 더 많다는 사실에 직면한다.

이때 주눅 든 아이가 안타까워 엄마는 한껏 과장된 목소리로 아이를 칭찬한다. "채원아, 할 수 있어! 넌 천재야!" 이 말이 아이를 더 우울하게 한다는 사실을 엄마는 모른다. 아이는 이미 다 알고 있다. 집에서는 늘 1등인데, 학교에서는 달리기에서 4등밖에 못 한다. 내가 글씨만 써도 엄마는 흥분하며 칭찬하는데, 받아쓰기가 50점이다. 아이는 수시로 좌절과 상실감의 늪에 빠진다. 쉽게 상처받고 좌절하는 그때가 바로 자존감이 가장 크게 자라는 시점이라는 사실이 아이러니하지 않은가?

아이들은 좌절할 수밖에 없다. 많은 엄마들은 아이들이 좌절하지 않도록 고군분투한다. 여러 가지 운동을 시키기도 하고, 받아쓰기 시험 전날 아이를 붙잡고 밤 12시까지 공부를 시킨다. 친구가 없으면 외톨이가 될까 봐 '친구 만들기 프로젝트'에 돌입한다. 아이의 일거수일투족에 노심초사한다. 좌절의 경험을 막는 건 아이를 자라지 못하도록 묶어두는 것과 다름없다. 좌절은 아이의 성장에 필연적으로 따라야 하는 과정이다. 넘어져본 아이만이 넘어지는 걸 두려워하지 않는다. 스키를 배울 때도 가장 먼저 넘어지고 일어서는 법을 연습하는 것과 같다. 아이들은 좌절을 통해 고난과 역경을 이겨낼 수 있는 근육을 길러간다. 좌절 그 자체는 문제 되지 않는다. 좌절한 아이에게 엄마가 어떻게 반응하느냐가 자존감에 영향을 미친다.

상황이 뜻대로 진행될 때 아이를 칭찬하거나 지지하는 건 쉽다. 하지만 아이가 진정으로 부모의 지지를 원할 때는 삶에서 추락하는 순간, 즉 실패하고 좌절하는 순간이다.

아이가 학교 수학 시험에서 40점을 받아왔다. "괜찮아, 다음에 잘하면 돼. 넌 충분히 100점 맞을 수 있어. 이번에는 운이 없었던 거야"라는 엄마의 근거 없는 칭찬이나 지지는 아이를 불안하게 한다. 반면 "40점이 뭐냐? 대체 누굴 닮아서 머리가 그 모양이니?"라는 엄마의 한심한 말과 눈빛은 아이를 주눅 들게 한다. 그런가 하면 "40점이구나. 우리 아들, 실망했겠네. 어떻게 하면 다음에 좀 더 잘할 수 있을까?"라는 말은 위로가 된다. 무슨 말을 해야 할지 모르겠다면 아무 말 없이 어깨만 토닥여주라. 때로는 그것만으로도 충분하다.

아이가 성장하면서 만나는 환경도 달라지므로 이에 따라 부모의 역할도 달라져야 한다. 어릴 때는 안전한 환경과 더불어 과장된 칭찬과 인정이 필요했다면, 초등 시기부터는 좌절하고 다친 아이를 위로하고 공감해주는 게 부모의 몫이다.

## : 아이의 자존감을 자라게 하려면

학교에서 돌아온 아이를 어떤 시선으로 바라봐줄 것인가? 아이의 어디에 시선을 둘 것인가? 많은 엄마들은 아이의 존재 자체가 아니라 아이를 둘러싼 외적인 요소, 이를테면 성적, 상, 외모, 능력 등에 시선을 고정한다. 즉, 아이 손에 들린 성적표에 눈길이 먼저 간다. 그러나 아이의 자존감을 위한다면 오른 성적이 아니라 성적을 올리기 위해 애쓴 아이의 마음에 집중해야 한다. "성적이 이렇게나 올랐네!"가 아닌 "성적이 오른 걸 보니 우리 지윤이가 정말 많이 애쓴 것 같네. 대견해"라는 말이 존재 자체를 있는 그대로 바라봐주는 말이다. 이런 경우는 어떤가? 내심 100점을 기대했던 아이가 2개 틀린 시험 결과에 크게 낙담하며 짜증을 내고 심하게 자책을 한다. 이때 엄마가 말한다. "괜찮아. 이 정도도 대단한 거야. 다음에 좀 더 잘하면 되지." 이 말이 아이에게 위로가 될까? 아이는 전혀 괜찮지 않다. 이때도 마찬가지다. 아이 손에 들린 시험지가 아니라 시험지를 바라보는 아이의 마음에 시선을 둬야 한다. "성적이 기대한 만큼 안 나와서 많이 실망했나 보네. 엄마도 안타까워." 아이의 실망감이나 절망감, 혹은 좌절감을 알아주는 게 아이를 위로하는 일이다.

겉으로 보이는 성과나 성취 자체에 대한 과도한 관심은 아이에게 성과에 대한 집착과 강박을 가져오지만, 존재에 대한 집중은 마음의 안정과 평화를 가져다준다. 존재를 주목받지 못한 아이들은 엄마들이 갖는 기대를 내면화해 엄마들이 바라는 성과나 성취에 매달리기 쉽다. 다시 말해, 현실적 자아Real Self를 부정하고, 엄마가 원하는 이상적 자아Ideal Self에 매달리게 된다. 자존감이 낮은 아이는 현실의 나를 별 볼 일 없는 요 모양 요 꼴이라고 생각하며 마음에 안 들어 하지만, 자존감이 높은 아이는 현실의 나를 있는 그대로 인정하고 수용한다. 현실적 자아와 이상적 자아의 간격이 크면 클수록 불안하고 우울하다.

아이가 도무지 도전을 하지 않는다고 고민하는 엄마들이 있다. 수학을 잘하지만 경시대회에 나가볼 것을 권유하자 기겁을 하며 싫다는 아이, 문제를 곧잘 풀다가도 모르는 문제가 나오면 극도로 짜증을 내면서 엄마를 괴롭히는 아이 등이 이에 해당한다. 어느 엄마의 이야기다. 운동회 때 1등으로 달리던 딸이, 친구가 앞지르자마자 그 자리에 주저앉아서 펑펑 울었다고 한다. 이런 아이들은 모든 게 자기를 향한 평가라 여긴다. 이상적 자아와 현실적 자아의 간격을 메우기 위해서 쉴 새 없이 비교하고 경쟁한다. 그래서 되도록 쉬운 과제에 집착한다. 괜히 어려운 과제에 도전했다가 실패하면 낭패이기 때문이다. 결국 실패에 대한 내성이 약해진다. 현실적 자아와 이상적 자아 사이의 간격을 크게 느낄수록 자존감은 낮아진다. 엄마가 외적인 성과만을 끊임없이 자극하면, 궁극적으로 이상적 아이만 남고 현실적 아이는 사라진다. '나'는 없고 '엄마의 기대'만 남게 되는 셈이다. 엄마의 높은 기준에 맞춰 살아야 하는 아이는 고단하다. 자신이 늘 한심하고 볼품없다. 이 세상에 조건 없이 존재할 때, 아이들은 자신의 삶을 자연스럽게 살아갈 수 있다. 이들에게 필요한 건 엄마를 비롯한 주변 사람들의 조건 없는 인정과 사랑이다.

자신이 가치 있고 귀하고 소중한 사람이라는 인식이 바로 자존감의 알맹이다. 이 세상에 나와 같은 사람은 단 한 사람도 없다. 나는 수십억 인구 중에 오직 한 사람이다. 이 사실만으로도 이미 가치 있고 귀하다. 내면을 제대로 이해하고, 있는 그대로의 자기를 수용하는 아이가 자존감이 높다. 자존감은 자기 객관화에서부터 출발한다. 뭐를 잘해서가 아니라, 잘나서가 아니라, 내 존재 자체가 가치 있다. 자신을 과하게 부풀릴 필요가 없다. 그렇다고 자신을 한없이 축소할 필요도 없다.

공부머리는 부족해도 운동을 잘하는 아이가 있다. 키는 평균에 못 미치지만 몸이 민첩한 아이가 있다. 성격은 조금 까탈스럽지만 예술적 감각이 남다른 아이도 있다. 아이가 제아무리 잘생기고 공부를 잘하고 운동을 잘해도 자기 수용이 안 되면 무용지물이다. 스스로를 가치 있게 여기는 아이는 주의 초점을 자신의 긍정적인 면에 맞춘다. 이들은 자신의 약점이나 단점도 외면하지 않고 자신의 일부로 받아들인다. 생긴 그대로의 자신이 마음에 든다. 이러한 자기 호감은 궁극적으로 자기 효능감이나 유능감으로 이어진다. 유능감은 어떤 일을 잘할 수 있다는 느낌이다. 노력 여하에 따라 환경이나 결과를 바꿀 수 있다고 믿는 것이다. 유능감이 부족할 때 무기력에 빠지기 쉽다.

아이가 살아가는 데 있어 자존감은 없어서는 안 되는 핵심 요소다. 자동차에 비유한다면 자존감은 엔진에 해당한다. 엔진에 문제가 생기면 자동차 외관이 아무리 화려하고 좋아도 쓸모가 없다. 이쯤에서 다시 처음의 질문으로 돌아가보자. 아이의 자존감을 키워주기 위해서 가장 중요한 게 뭘까? 아직도 칭찬이라고 믿는가?

미국의 심리학자 하인즈 코헛Heinz Kohut은 "인간에게는 거울 같은 인물이 필요하다"라고 말했다. 정신 분석 용어로 '자기 반사 대상Mirroring Self Object'이라고 부른다. 이들은 아이의 긍정적인 면을 비추고 격려한다. 엄마의 시선이 아이를 긍정적으로 비추면 아이는 자기 자신을 긍정적으로 보게 된다. '나는 사랑스러운 사람이야', '나는 중요한 사람이야'라는 생각이 이들을 자라게 한다. 만약 부정적으로 비추면 아이는 부정적인 자기 개념을 만든다. 부정적인 엄마의 시선은 아이에게 '나는 가치 없는 사람이야', '나는 쓸모없는 사람이야'라는 생각을 심어준다. 자신이 누구에게도 환영받지 못한다고 느낀다. 자기 반사 대상이 없는 사람들은 열등감이 심하고 쉽게 상처받는 것은 물론, 작은 일에도 와르르 무너진다. 긍정적인 자기 반사 대상은 건강한 자기애를 만들며 이는 자존감으로 이어진다. 자기 자신을 썩 괜찮은 사람이라고 믿으며 웬만한 일에 쉽게 넘어지지 않는다. 엄마가 아이 존재 자체를 긍정적으로 비추는 순간, 아이는 자신이 얼마나 소중하고 귀한지를 깨닫는다. 그러므로 아이의 자존감을 자라게 하는 영양분은 '지금 바로 여기'에서의 엄마의 따뜻한 시선이다.

"애쓰지 않아도 괜찮아!

너는 있는 그대로 소중하고 사랑스러워!"

# 몸 맞춤이 어려운 엄마들

"우리 아이가 언제 가장 예쁘고 사랑스러운가?"

이 책을 읽는 여러분은 어떤가? 언제 우리 아이가 가장 사랑스럽고 예쁜가? 강의 중에 이 질문을 하면 많은 엄마들의 대답은 '잠자고 있을 때' 또는 '학원 가고 집에 없을 때'다. 물론 우스갯소리지만 그 속에는 뼈가 있다.

아이가 눈을 뜨고 앞에서 알짱거릴 때 자신도 모르게 불편함을 느끼는 엄마들이 있다. 엄마들은 '내 눈앞에서 알짱거리는' 아이를 견디기 힘들어한다. 아무것도 하지 않고 빈둥거리는 아이를 보는 순간 엄마는 생각한다. '이 아이에게 뭔가를 해줘야 하는데 뭐지?' '우리 아이만 너무 노는 건 아닐까?' '이렇게 한가하게 놀고 있을 때가 아닐 텐데?' 빈둥거리는 아이가 엄마의 레이더망에 걸리는 순간, 이런저런 생각들은 걱정을 불러 모으고 급기야 불안을 부추긴다. 뭐라도 해줘야 한다는 생각에 안절부절못하는 엄마는 심지어 아이를 다그치거나 윽박지른다. 하다못해 학원이라도 가 있으면 마음이 편해진다. 간혹 부모 교육에 온 엄마들 중 몇몇은 농담 반 진담 반으로 이런 말을 한다.

"이렇게 강의라도 들으면 마음이 좀 진정이 되는 것 같아요."

"저는 이 시간이 마치 진정제나 영양제를 먹는 시간 같아요."

내 눈앞에서 놀거나 (엄마들이 보기에) 아무것도 하지 않는 아이를 그냥 두고 보기 힘들어서 도망치듯 나오는 경우다. 이런 엄마들의 내면 깊은 곳에는 자신도 모르는 마음이 숨어 있다. 아이에게 더없이 완벽한 엄마, 혹은 훌륭한 엄마이고 싶은 마음이다. 이러한 마음이 오히려 엄마들을 자꾸만 채찍질한다.

아이는 엄마가 다듬고 빚어야 하는 대상이 아니다. 그저 바라보고 인정하고 수용해야 할 인격체다. 미국의 인본주의 심리학자 칼 로저스Carl Rogers는 인간은 본질적으로 성장 잠재력을 갖고 태어나며, 현상적인 장 속에서 실현하려는 경향성을 타고난다고 봤다. 이는 자기실현 경향성으로 평생에 걸쳐 진정한 자기 자신이 되어 가는 과정이다. 엄마는 아이 안의 가능성과 잠재력을 확신하고 아이가 가장 아이답게 자랄 수 있도록 기다려줘야 한다.

지금까지 아이를 바라보는 엄마의 시선이 아이의 자아상은 물론 자존감에도 실질적인 영향을 미친다는 점을 강조했다. 그런데 우리 주변에는 아이를 바라보는 것조차도 힘든 엄마들이 있다. 바로 불안한 엄마들과 완벽주의 엄마들이다.

## : 불안한 엄마들

불안이라는 감정의 실체는 없다. 불안은 머릿속에서 만들어지는 수많은 가상의 시나리오에서 비롯된다. '우리 아이가 교통사고를 당하면 어쩌지?', '공부를 너무 못해서 뒤처지면 어떡하지?', '친구들한테 괴롭힘을 당하면 어쩌지?'라는 생각들이 꼬리에 꼬리를 물면서 엄마의 불안을 부추긴다. 불안은 불확실성에 대한 감정으로, 나쁜 일이 생길지도 모른다는 데서 시작된다. 적당한 불안은 미래를 대비하고 집중력을 높인다. 문제는 불안이 지나치게 높을 때 나타난다. 우리나라 엄마들은 유난히 불안도가 높다. 특히 학습과 관련된 불안은 타의 추종을 불허한다. 경쟁과 비교로부터 자유롭지 못한 사회에서 아이를 키워내기란 쉽지 않다. 불안한 엄마의 시선은 주위의 엄마들과 그들의 아이들을 좇느라 바쁘다. 그 엄마들과 자신을, 그 아이들과 우리 아이를 비교하느라 여념이 없다.

불안한 엄마들의 시선은 아직 오지도 않은 미래에 미리 가 있다. 현실에 발을 딛지 못하고 끊임없이 미래를 당겨서 살아간다. 아이는 자기만의 속도와 방식으로 현재를 충실하게 살아가지만, 불안한 엄마에게는 미래 속의 아이만이 존재한다. 아이를 볼 때마다 늘 안절부절못하며 조바심을 낸다. 뭐라도 해야 하는데 조급하다. 매 순간 아이를 다그친다. 불안한 엄마의 시선에서 '지금 여기에서의 아이'가 사라진다!

"책에서 엄마 냄새가 나요!"

"엄마 냄새가 나서 마음이 어떤데?"

"답답하고 숨이 턱 막혀요. 책을 마구 찢어버리고 싶은 충동이 들어요."

초등학교 4학년 남자아이의 말이다. 책에서 엄마 냄새가 나는 이유가 뭘까? 이 아이의 엄마는 학습에 대한 불안도가 유난히 높다. 아이가 학교에서 돌아오자마자 가장 먼저 하는 일이 가방 검사다. 엄마의 시선은 아이가 아니라 가방과 책에 가장 먼저 꽂힌다. 가방을 열어 모든 과목을 다 점검한다. 배운 걸 이해했는지 확인한다. 학교뿐만 아니라 학원에서 돌아와도 마찬가지다. 심지어 엄마가 아이의 과목을 함께 공부한다. 학원에서 배우는 진도를 따라가면서 별도로 배운다. 그래야 아이를 제대로 뒷받침해줄 수 있다고 믿는다.

엄마가 불안하면 아이도 불안하다. 불안한 엄마의 시선은 아이 뒤를 쫓으며 쉴 새 없이 말한다. "넌 뭔가 잘못됐어!" "넌 부족해." "그걸로 어림도 없어." "이런 멍청한 놈 같으니." 만약 불안도가 높으면 곰곰이 생각해보자. 내 불안의 실체가 있는가? 우리 아이가 공부를 못해서 사회에서 도태될 확률은 얼마나 될까? 아직 일어나지도 않은 일이다. 행여 일어났다면 제대로 대처하면 될 일이다. 불안에 너무 많은 에너지를 소진하면서 아이를 제대로 살피지 못하고 있지는 않은지 생각해봐야 한다.

불안이 올라온다면 그대로 받아들여라. '그래, 내가 또 불안해하고 있구나. 불안할 수도 있지'라고 쿨하게 받아들여라. 감정은 속성상 느끼지 않으려고 발버둥치면 칠수록 그 덩치를 키워간다. '또 불안해하고 있네. 불안하면 안 되는데 어쩌지?' 하는 생각이 불안을 증폭시킨다. 마치 폭설 뒤 내리막길에서 구르는 눈덩이처럼 눈 깜짝할 사이에 감당할 수 없는 크기가 된다. 불안한 마음이 만져진다면 일단 하던 일을 멈추고 편안하게 앉아서 호흡을 유지하라. 불안은 머리가 만드는 감정이다. 스위치를 끄듯이 생각을 멈추고 생각에서 한 걸음 물러나 있으라. 몸의 감각에 최대한 집중하라. 그저 몸이 전하는 불안의 느낌을 그대로 견뎌보라. 계속 호흡을 일정하게 유지하다 보면 서서히 마음이 가라앉는다. 마음이 어느 정도 진정이 되면 불안의 실체를 들여다보라. 불안할 때 내 안에서 날아다니는 생각의 꼬리를 잡는 게 중요하다.

중학생 딸이 영어 시험에서 60점을 받았다. 점수를 받아드는 순간, 뭔가 가슴을 세게 방망이질하면서 정신이 아득해진다.

'아, 어쩌지? 이 점수를 갖고서는 인 서울 대학은 어림도 없을 텐데…….'

엄마로서 할 수 있는 당연한 생각이고 걱정이다. 그러나 거기까지다. 현실적으로 생각의 타당성과 유용성을 따져보라. 과연 지금 시점에서 우리 아이가 대학에 못 간다고 생각하는 게 옳은 일인가? 그 근거가 타당한가? 중학교 영어 점수 60점을 갖고 대학 걱정을 하고 있다면 더욱더 냉정하게 판단해야 한다. 이 아이에게는 아직 많은 시간이 남아 있다. 영어가 안 된다면 다른 방법은 얼마든지 있다. 설령 엄마의 불안이 타당하더라도 좀 더 생각해보자. 지금 이 생각을 붙들고 있다 하여 얻을 수 있는 게 뭘까? 걱정하고 불안해한다고 해서 아이의 성적이 올라갈 가능성이 있는가? 불안이 나에게 주는 쓸모 있는 측면이 있는가? 없다면 버려라! 쥐고 있어도 도움이 되지 않는다면 미련 없이 당장 버려라! 그리고 나서 지금 앞에 있는 내 아이에게 주목하라. 이 아이에게 가장 필요한 것이 무엇인지 생각하라. 엄마로서 도울 일이 무엇인지 생각하라. 지금 내 앞에 있는 아이에게 온전히 주의를 집중하는 것이 불안을 떨치는 가장 효과적인 방법이다. 불안을 이겨야 비로소 아이의 속도가 보이고, 나란히 발을 맞춰 현재를 살아갈 수 있다.

## : 완벽주의 엄마들

불안한 엄마들만큼이나 아이를 쳐다보기 어려운 엄마들이 있다. 바로 완벽주의 성향의 엄마들이다. 완벽주의 엄마들은 프로크루스테스의 침대와 같다. 프로크루스테스는 그리스 로마 신화에 등장하는 강도다. 지나가는 사람을 납치해 자신의 침대에 눕힌 다음, 침대보다 크면 삐져나온 만큼 잘라버리고, 침대보다 작으면 침대 가장자리까지 다리를 늘려서 죽인다. 완벽주의 엄마들 내면에는 프로크루스테스의 침대가 있다. 즉, 자기만의 기준과 잣대가 있다. 세상은 내 기준대로 돌아가야 한다. 아이도 마찬가지다. 엄마가 세워놓은 '완벽한' 틀에 따라 움직여야 한다. 이들에게는 삐져나오거나 부족한 부분이 먼저 눈에 띈다. 아이의 결점이나 허점이 항상 눈에 거슬린다. 잘한 것은 당연한 일이다. 잘못한 것은 있을 수 없는 일이다. 아이가 단 1초도 마음에 든 적이 없다. 문제는 엄마의 기대 수준이 너무 높다는 데 있다. 아이는 늘 최선을 다하지만, 엄마의 성에는 차지 않는다.

고백하건대 나는 부모 교육 전문가 이전에 불완전한 부모다. 나에게도 완벽주의 성향이 있다. 지금은 대학교 2학년인 수현은 4살부터 초등학교 4학년까지 발레를 했다. 어릴 때부터 소질을 보여 개인 레슨을 받으면서 콩쿠르를 다녔다. 한 대학교에서 개최한 콩쿠르 때였다. 엄청 많은 시간을 들여 준비했지만 입상하지 못했다. 콩쿠르가 끝나고 아이가 차에 타자마자 내가 던진 말이었다.

"아휴, 서 있을 때 무릎을 곧게 쫙 펴야 한다고 몇 번이나 말했니? 그렇게 안 하니까 어정쩡하게 보이는 거 아냐."

5초가량 침묵이 흐른 뒤 아이가 불현듯 울먹거리며 말했다.

"그냥 수고했다, 애썼다, 그 한마디가 그렇게 어려워? 엄마한테는 무릎밖에 안 보이냐고!!!"

그랬다. 그때 나는 수현의 실수나 흠을 찾아내느라 정작 아이가 그 큰 무대를 작은 몸으로 꽉 채워가며 애쓰는 모습은 미처 보지 못했다. 불행히도 수현은 이 콩쿠르 이후로 발레에 흥미를 잃어버리고 말았다. 뜻대로 펴지지 않는 무릎에 절망했고 급기야 그만두겠다고 선언했다. 이후 발레 이야기를 할 때마다 수현의 대답은 한결같다. "어차피 계속했어도 안 됐을 거야. 나는 소질이 없어."

완벽주의 엄마의 시선에는 회초리가 들어 있다. 본인은 절대 매를 들지 않는다고 하지만 말과 눈빛으로 때린다. 항상 자신을 부족하고 못나게 바라보는 엄마의 시선이 아이를 부족하고 못나게 만든다. '뭘 해도 나는 안 돼'라고 생각하게 만든다. 만약 그때 실망한 아이를 따뜻하게 안아주고 위로해줬다면 어땠을까? 그랬다면 발레를 그만뒀어도 행복하게 기억에 담지 않았을까? 이후 이 얘기를 꺼내면서 진심으로 사과했지만, 여전히 아이에게 발레는 '해도 안 되는' 한 가지가 되었다.

완벽주의 엄마에게는 아이의 전체가 보이지 않는다. 이들의 시선에는 잘못되고 부족하고 못난 부분만 콕콕 잡힌다. 마치 돋보기를 대고 그 부분만 들여다보는 것 같다. 그래서 지적이 끊이질 않는다. 공부가 부족하다면 공부가 조금 부족할 뿐, 여전히 괜찮은 아이다. 성격이 약간 까칠하다면 성격적인 부분이 약간 힘들 뿐, 여전히 괜찮은 아이다. 아이 존재 전체에서 이러한 결점은 손톱만 한 스크래치에 지나지 않는다.

완벽주의 엄마는 아이에게 화낼 일이 많다. 세상이나 아이가 완벽하지 않을 때 화가 난다. 완벽주의 엄마가 키우는 아이는 죄책감을 갖기 쉽다. 나는 늘 엄마를 화나게 하는 나쁜 사람이다. 부족하고 한심하고 나쁜 사람으로 우리 아이를 키우고 싶은가? 아니라면 마음에 끼워둔 돋보기를 빼는 게 중요하다. 아이의 전체를 볼 수 있는 눈을 길러야 한다. 세상에 완벽한 사람은 없다. '완벽' 역시도 주관적인 기준이다. 부족한 부분을 하나씩 메워가는 게 인생이다. 아이의 결점이 눈에 보인다면 그 즉시 눈을 감아라. 눈을 감는 순간 엄마 자신의 내면이 보인다. '나는 과연 완벽한가?' '내 인생은 결점이나 허점이 없는가?' 수십 년을 완벽하기 위해 최선을 다했지만, 여전히 부족하다. 완벽은 미션 임파서블이다.

"우아, 우리 엄마가 불러주는 자장가에 어떻게 잠들 수가 있었지? 이건 아무리 생각해도 미스터리야."

우리 아이들이 심심치 않게 던지는 말이다. 나는 우리나라에서 둘째가라면 서러운 3치다. 음치, 박치, 몸치. 다른 사람들은 스트레스를 풀러 가는 노래방에서 나는 스트레스를 한 아름 싸 들고 나온다. 그래서일까? 평생 노래방은 다섯 손가락에 꼽을 정도로 갔다. 자장가를 완벽하게 불러주지는 못했으나, 무리 없이 아이들을 키웠다. 그렇다. 엄마는 완벽할 수도 없지만 완벽할 필요도 없다. 영국의 심리학자 도널드 위니컷Donald Winnicott은 '충분히 좋은 엄마Good Enough Mother'가 아이에게 가장 훌륭한 엄마라고 했다. '이 정도면 됐지! 뭘 더 바라'라는 인간적인 태도가 아이와 나를 더 가깝게 만든다.

# 몸 맞춤 전략

## 관찰하기 → 반응하기 → 반영하기

사실 몸 맞춤에는 특별한 기술이나 전략이 필요하지 않다. 우리 아이를 예쁘고 사랑스럽게 바라봐주는 것만으로도 충분하다. 그러나 여전히 강의 현장에서 몸 맞춤이 낯설거나 어색하다는 엄마들을 만난다. 몸 맞춤의 가장 기본적인 단계는 '관찰하기→반응하기→반영하기'다. 먼저 아이에게 관심을 갖고 관찰한다. 그리고 아이가 나에게 뭔가를 묻거나 말을 걸면 즉각적으로 반응한다. 마지막으로 아이의 행동을 관찰한 그대로를 반영한다. 순서는 임의적이다. 그때그때 상황에 맞도록 적용하면 된다. 참고로 몸 맞춤은 아이나 엄마 모두 평소처럼 편안하고 일상적인 상태에서 진행한다. 만약 아이가 부적절한 행동이나 위험한 행동을 하고 있다면 몸 맞춤이 아닌 다른 접근이 필요하다. 몸 맞춤의 목적은 아이에게 엄마의 관심을 보여주는 것으로, 소통을 위한 가장 기본적인 단계임을 잊어서는 안 된다.

## : 1단계 관찰하기_ 의도적으로 아이를 바라보라

고등학생 딸을 둔 엄마의 사연이다. 중학교 이후 아이는 자기 방에만 틀어박혀서 지낸다. 아예 방문을 잠가버린 채 나오지 않는 아이 때문에 속이 끓던 엄마는 화가 나서 문고리를 뜯어버렸다. 그 후 생각날 때마다 뜯긴 문고리 구멍으로 방 안을 엿보면서 아이를 감시했다. 그러던 어느 날, 문고리에 눈을 갖다 대던 엄마는 기절초풍했다. 문고리 너머에는 이런 쪽지가 붙어 있었다. "뭘 봐! 이 미친년아!"

엄마의 시선에 의해 감시당하는 아이들이 있다. 어떤 엄마는 아이의 일거수일투족을 지켜본다. 아이 주변으로 레이더망이 돌아간다. 아이는 집에서도 뒤통수가 따끔거린다. 자칫 아이가 레이더망에서 벗어나기라도 하면 한바탕 난리가 난다. 아이는 엄마의 시선에 갇혀서 옴짝달싹하지 못한다. 엄마가 아이를 감시하는 이유는 하나다. '엄마가 시키는 대로' 잘하는지를 점검하기 위해서다. 다시 말해 아이를 믿지 못해서다. 엄마는 교도관이나 사감이 아니다. 아이를 엄마 방식대로 키우려고 해서는 안 된다. 아이마다 그 나름의 방식으로 세상을 이해한다. 각자의 방법으로 문제를 해결한다. 아이마다 자신에게 적합하고 적절한 방식으로 세상에 적응하고 있다. 이게 아이의 자발성이다. 자기 발에 딱 맞는 신발을 신고 사는 삶이 자유롭다. 엄마가 사다 놓은 신발에 아이 발을 맞추는 게 아니다. 엄마의 시선은 아이에게 알맞은 신발을 찾는 일이어야 한다.

농부의 마음으로 바라보라. 농부가 농작물이 자라는 모습을 하루도 빠뜨리지 않고 관찰하는 것과 같다. 농부는 농작물을 자기 마음대로 키우려 하지 않는다. 토마토를 오이로 바꾸려 하지 않고 가지를 바라보며 고추를 기대하지 않는다. 아무런 사심 없이 애정 어린 눈으로 바라본다. 농작물이 별 탈 없이 잘 자랄 수 있도록 주변을 보살핀다. 때에 따라 지지대를 세우고, 필요할 때 거름을 주고, 비바람을 막기 위해 비닐을 친다. 나머지는 자연의 섭리라 여긴다. 아이마다 세상을 살아가는 방식이 다르다. 이른 봄에 활짝 피는 꽃이 있는 반면, 가을 녘 차가운 바람이 불어야 꽃망울을 터뜨리는 꽃도 있다. 엄마의 시선은 아이의 타고난 자발성을 키워줄 수 있어야 한다. 우리 아이가 언제 꽃망울을 터뜨리는지 관심을 갖고 관찰해야 알 수 있다. 우리 아이의 필요를 알아차리고 적절히 도울 수 있어야 한다.

아이의 행동이나 태도 등을 볼 때도 그저 바라본다고 생각하라. 평가하고 판단하게 되면 충동적으로 아이를 비난하기 쉽다. 이 경우 아이는 엄마의 말을 비판적으로 받아들이게 되고, 엄마의 시선이 부담스럽고 불편해진다. 아이에게 주목하고 집중하다 보면 아이가 보내는 신호를 알아차릴 수 있다. 아이는 말이 아니라 온몸으로 신호를 보낸다. 평소보다 지쳐 보이는 아이, 지나치게 산만하게 구는 아이, 엄마 곁에서 계속 맴도는 아이, 엄마의 시선을 자꾸만 피하려 드는 아이, 한숨이 늘어난 아이 등 이 모든 것은 아이가 보내는 신호다. '마음이 아파요.' '관심을 주세요.' '외로워요.' '힘들어요.' 엄마는 아이의 잘못된 행동이 아니라 아이가 보내는 신호에 민감해야 한다.

만약 거슬리는 부분이 보여 비난하고자 하는 충동이 일어난다면 그 즉시 두 눈을 꼭 감아라. 지금은 아이를 관찰하는 시간이다. 두 눈을 감으면 엄마의 시선은 바깥이 아니라 내면을 향하게 된다. 엄마 자신의 마음과 감정을 돌아봐야 한다. 어쩌면 아이의 문제가 아니라, 아이를 바라보는 엄마의 문제일 가능성이 높다. 참고로 눈을 감으면 순간적으로 욱하는 마음도 가라앉는다.

아이가 엄마 앞에 있다면 의도적으로 아이를 바라보라. 한 번에

한 가지만 아이의 특징을 발견한다고 생각하라. 하루 5분이면 충분하다. 의식적으로 아이에게 시선을 준다고 생각하라. 정해진 시간에 식물이나 꽃에 물을 줘야 하는 것처럼 아이에게는 엄마의 시선이 필요하다. 이 시간만큼은 아이가 온전히 주목받는 시간이다. 바라본다는 건 관심을 갖고 관찰함을 의미한다. 이때 평가나 판단을 하지 않는 것이 무엇보다 중요하다. 판단은 새로운 정보를 가로막는다. 판단은 판단에서 멈추지 않고 계속해서 판단을 더해간다. 거기에 감정이 섞이면 판단은 순식간에 비난을 부추긴다. 다음 예시를 보면서 평가나 판단이 들어간 관찰과 들어가지 않은 관찰의 차이를 느껴보라.

- 파란색 바지를 입었다. → 관찰
- 늘 파란색 바지만 입는다. → 평가/판단

- 아침 8시 10분에 일어났다. → 관찰
- 아침에 늦게 일어났다. → 평가/판단

- 엄마가 3번 양치질하라고 했는데 안 한다. → 관찰
- 엄마 말을 무시한다. → 평가/판단

참고로 관찰하면서 수첩에 하나씩 기록해두는 것도 좋다. 이렇게 하나씩 적다 보면 우리 아이에 대해서 더 많은 사실을 알게 된다. 소통은 더하는 것이 아니라 빼는 일이다. 혹 나의 생각에 평가나 판단이 끼어 있다면 하나씩 빼보자. 알맹이만 남기고 불순물을 모두 걷어내는 일은 세심한 노력과 지속적인 훈련이 필요하다.

**애니메이션을 사랑하는 시연이 이야기**

어릴 때부터 영특하고 똘똘했던 시연은 초등학교 때까지는 공부를 줄곧 잘하다가 어쩐 일인지 중학교에 들어가면서 의욕을 상실했다. 수업 시간 내내 집중하지 못하고 딴짓을 하기에 바빴다. 공부에 흥미를 잃어버린 채 웹툰에만 빠져 사는 시연 때문에 시연 엄마의 고민은 이만저만이 아니었다. 온갖 방법을 다 써봤지만, 그러면 그럴수록 시연은 점점 무기력해졌다. 부모 교육을 통해 관찰이 중요하다는 사실을 깨달은 시연 엄마는 이후 시연을 유심히 관찰하기 시작했다. 관심 어린 시선으로 시연을 관찰하던 엄마의 눈에 시연의 책이나 노트 등을 빼곡하게 채운 낙서가 들어왔다. 그동안은 공부에 흥미 없는 시연의 반항이나 쓰잘머리 없는 흔적이라고만 여겼던 낙서가 한순간 '작품'으로 와닿았다. 낙서를 계기로 시연 엄마는 시연과 진로에 대해서 충분히 이야기를 나눌 수 있었다. 이후 시연은 본격적으로 애니메이션 공부를 시작했고, 일본에 있는 대학의 애니메이션학과에 당당히 합격했다. '낙서'만 하는 아이에게 잔소리하고 혼내기 쉽지만, 애정 어린 관찰은 아이 안의 가능성과 잠재력을 끄집어내기에 충분했다. 이처럼 어떤 시선으로 바라봐주느냐는 아이를 무기력하게 만들 수도, 끼와 재능을 맘껏 발현하게 도울 수도 있다. 전적으로 엄마의 선택이다!

## : 2단계 반응하기_ 아이에게 귀 기울이고 집중하라

아이의 말에 즉각적으로 반응하라. 아이가 엄마에게 무언가를 이야기한다면, 되도록 아이의 말에 귀를 기울이는 것이 중요하다. 오랜 연구 결과, 안정적 애착의 핵심은 '반응성'임이 드러났다. 반응성이란 양육자가 아이의 요구에 민감하게 반응을 보이는 정도를 의미한다. 설거지를 하더라도 멈추고 아이를 바라보면서 아이의 말을 들어준다. 누군가 집중해서 들어줄 때 아이는 자신의 존재가 중요하다고 느낀다. 자신의 말에 귀를 기울이는 엄마의 태도에서 존중받는 경험을 한다. 아이는 늘 엄마를 기다려주지 않는다. 한 번, 두 번, 엄마에게 거절당하고 무시당한 아이는 속으로 생각한다. '엄마에게 나는 소중한 사람이 아니구나.' '엄마에게 얘기해봐야 소용없구나.' 아이는 이제 더 이상 엄마를 찾지 않는다. 미성숙한 방법으로 자신의 문제를 해결하려 든다. 유튜브 세상으로 망명하거나 게임 속으로 이민을 간다. 엄마가 아닌 또래에게 자신의 고민을 털어놓는다. 고만고만한 아이들끼리 고민을 나누면서 문제를 일으킨다. 이제 엄마 발등에 불이 떨어졌다. 당황한 엄마는 아이를 찾지만, 아이는 이미 엄마로부터 사라진 다음이다.

나는 되도록 아이 말에 귀를 기울이려고 노력한다. 다른 건 몰라도 아이가 이야기할 때 최대한 집중해서 아이 말을 들어주려고 한다. 부모 교육 전문가로서 나의 철칙이다. 어느 날, 수현이 지나가듯 툭 던진 말이 아직도 내 심장을 따뜻하게 데운다.

"이상하게 엄마 말은 자꾸 귀 기울이게 돼."

자신의 이야기에 반응해주는 엄마의 말에 아이도 반응한다. 자기 이야기를 정성껏 들어준 엄마에게 아이도 마음을 연다. 오는 게 있어야 가는 게 있다. 인지상정이다. 앞서 발레 이야기에서도 밝혔지만, 처음부터 잘된 건 절대 아니다. 실수하고 반성하기를 반복하면서 관계가 회복되었다고 해야 맞는 말이다.

사실 매 순간마다 아이의 말에 귀 기울이기는 쉽지 않다. 엄마도 엄마 나름의 생활이 있고 일과가 있다. 무엇보다 하루 종일 엄청난 집안일에 매여 있다 보면 나에게 말을 걸어오는 아이가 귀찮을 때도 있다. 특히 직장맘은 더 힘들다. 하루 종일 업무에 지쳐서 녹초가 되어 들어온다. 퇴근하고 나면 집으로 다시 출근한다는 말이 있다. 퇴근해서도 바로 쉴 수 없다. 밀린 집안일에 이것저것을 하다 보면 몸이 여러 개라도 모자란다. 이 상황에서 아이의 이야기를 집중해서 들어줄 여력이 남아 있지 않다. 앞서 언급했지만, 많은 시간이 아니다. 하루 5분만 아이에게 집중한다고 생각하자. 하루 24시간, 1,440분 중 단 5분이라면 해볼 만하지 않은가? 5분이면 컵라면이 익는 정도의 시간이다.

집 안이 조금 지저분하면 어떤가? 저녁 한 끼 시켜 먹는다고 큰일 나지 않는다. 그러나 우리 아이는 다르다. 단 한 번의 차가운 거절이 아이에게는 평생 지워지지 않는 상처가 될 수 있다. "왜 이렇게 엄마를 귀찮게 하는 거야. 대체!"라는 말을 듣는 순간, 아이의 존재감에 흠집이 생긴다. 나는 엄마를 귀찮게 하는 몹쓸 아이다. 나는 엄마를 사랑하는데, 오히려 엄마를 힘들게 한다. 아이는 심리적으로 혼란스럽다. 뭐가 잘못되었는지 생각해보지만, 답은 없다. 엄마로부터 밀쳐진 아이는 자라서 엄마를 밀쳐낸다. 엄마는 더 이상 내 편이 아니라고 여긴다.

엄마라면 매 상황마다 생각해봐야 한다. 지금 내가 하는 이 일과 아이 중에 무엇이 중요한지! 만약 당장 급하게 처리해야 하는 일이라면 아이에게 부드럽게 양해를 구할 수 있다. 무턱대고 아이에게 "저리 가!"라고 소리를 지를 게 아니라, "엄마가 아주 중요한 일이 있어서 지금은 시간이 없어. 그러니까 우리 크게 한번 안아주기 하고 30분 뒤에 함께 놀자"라고 말한다. 저녁 전에 간식을 주는 것처럼 먼저 크게 안아준다면 아이는 기다릴 수 있다. 아이는 어른들의 세계를 이해하기 어렵다. 엄마가 "저리 가!"라고 소리를 지를 때 피곤해서라는 사실을 알 턱이 없다. 그저 엄마에게 나는 소중하지 않을 뿐이다. 내 존재가 거절당하고 거부당한다고만 느낄 뿐이다.

## : 3단계 반영하기_ 아이의 행동이나 상황을 있는 그대로 읽어주라

아이의 행동을 그대로 반영한다. 아이를 바라보면서 '지금 엄마가 너에게 관심이 있어'라는 메시지를 보낸다. 예를 들어, 지금 엄마 눈에 들어오는 대로 아이의 행동이나 상황을 있는 그대로 말해준다. 마찬가지로 평가나 판단 없이, 칭찬이나 비난의 어조가 아니라 자연스럽게 말하는 게 중요하다. 어조에 따라 자칫 아이는 간섭받거나 감시받는다고 생각할 수도 있다.

20분 동안 블록을 갖고 놀고 있네.

수학 숙제 중이구나.

책을 읽고 있구나.

친구랑 메시지를 하나 보네.

엄마의 눈 속에는 엄마도 모르는 잣대가 들어 있다. 늘 재고 판단하고 평가하려고 든다. 많은 엄마들이 아이의 행동을 그대로 반영하는 걸 어려워한다. 담담하게 아이의 행동을 있는 그대로 읽어주는 게 힘들다. 아이가 조금만 지체해도 "왜 이렇게 게으른 거야?"라고 힐책한다. 아이의 조그마한 실수에도 "도대체 정신머리를 어디에다 두는 거니?"라고 비난을 퍼붓는다. 이처럼 아이의 행동을 비난하기도 쉽지만, 과하게 칭찬을 퍼붓는 것은 그보다 더 쉽다. 아이의 기를 살려주려는 의도에서 칭찬을 남발하게 된다. 아이가 그린 그림을 보면서 "우아! 우리 지혜는 그림을 진짜 잘 그린다. 천재 아냐?"라고 연기하듯 과하게 말한다. 그러나 초등학생 정도라면 자신이 천재가 아니라는 사실을 알고도 남는다. 엄마의 과한 칭찬이 사실은 아이를 불편하게 만든다.

1년 전 한 초등학교에서 특강을 진행할 때의 일이다. 강의가 끝나자마자 젊은 아빠가 나에게로 달려 나왔다. 약간은 흥분이 섞인 과장된 목소리로 말했다. "이야~ 강사님 강의 정말 훌륭했습니다. 제가 육아 휴직하고 나서 아이들을 돌본 지 2년 정도 되었는데, 그동안 부모 교육 강의 참 많이 들었습니다. 그런데 오늘 강사님의 강의가 정말 짱이었습니다. 최고입니다!" 과분한 칭찬을 들은 나는 어땠을까? 기분이 우쭐해지면서 감사했을까? 그 순간 내 안에서 올라오는 생각은 미묘했다. '아, 이 아빠는 지금 나를 평가하고 있구나.' 물론 칭찬은 감사할 일이지만 기분이 썩 좋지만은 않았다. 만약 나를 지지해주고 싶은 마음이었다면 다르게 말했어야 했다.

"강사님 강의는 구체적인 사례를 바탕으로 해서 이해가 잘되는 것 같습니다. 발음이 명확해서 전달력이 좋았습니다."

구체적이지 않은 칭찬은 모호할 뿐이다. 칭찬은 고래를 춤추게도 하지만, 춤추던 고래를 기죽이거나 심지어 춤을 그만두게 할 수도 있다. 때로는 칭찬 중독을 부를 수도 있다. 엄마의 칭찬이 수반되지 않는 활동은 하지 않는다. 엄마가 관심을 보이지 않는 과제는 하려고 하지 않는다. 그저 엄마나 아빠의 과한 반응에만 몰두할 뿐이다. 이처럼 칭찬의 이면에는 위험성이 숨어 있다. 때로 엄마의 칭찬에는 불순한 의도가 들어간다. "어머, 우리 은지는 양치질을 혼자서도 잘하네?" 아직 칫솔을 잡지도 않은 아이에게 이런 칭찬은 어떨까? 엄마의 뜻대로 아이를 끌고 가려는 의도가 숨어 있다. 불순물이 섞여 들어간 엄마의 말은 설득력이 떨어진다. 아이는 그 순간 기분이 나쁘다. 칭찬보다는 일상에서 엄마의 관심을 적절하게 보여주는 것이 아이에게는 더 효과적이다. 모든 색안경을 벗고 그저 맨눈으로 아이를 바라보자. 눈에 들어오는 대로,

관찰하는 대로 아이에게 반영해준다. '우리 아이만의 특별한 점은 무엇일까?', '이 아이는 어떻게 반응을 하지?'라는 궁금증을 안고 아이를 관찰한다. 그러고 나서 담백하고 담담하게, 아무것도 섞지 않고 보이는 그대로 사진 찍듯이 말하는 것이 반영하기의 핵심이다.

몸 맞춤

아이가 그림을 그리고 있다. 집중할 때 보이는 '입이 삐져나온 상태'다. 꼼짝도 안 하고 30분을 넘게 그린다.

"30분 동안 그림을 그리고 있네."

"집이 2채가 있네." (이때 '2채나'라고 표현하지 않는다)

"여기는 누구 집이야?" (반영하면서 하는 적절한 질문은 아이와의 소통을 증가시킨다. 그러나 과한 질문은 도리어 부작용을 초래할 수 있으니 주의하라!)

"자동차를 파란색으로 칠했구나."

"이 자동차는 지금 어디 가고 있는 거야?"

몸 맞춤

딸아이가 소파에 앉아 휴대폰을 하고 있다. 옆에 앉아서 슬쩍 보니 친구와 문자를 주고받는 중이다.

"오늘은 머리를 묶었네."

"체크 셔츠를 입었구나."

"채원이랑 문자 하나 보네."

"채원이랑은 어떤 부분이 잘 맞니?" (캐묻듯 하는 질문이 아니라 궁금해서 하는 질문이어야 한다. 궁금하지 않으면 질문하지 않는 게 낫다)

만약 아이가 어리다면 반영하기를 놀이 식으로 전환할 수도 있다. "신사 숙녀 여러분! 지금 은지가 문자를 하고 있습니다. 누구랑 하는지 한번 알아볼까요?" 장난감 마이크를 이용한다면 더 리얼해진다.

반영하기는 엄마의 평가나 판단을 멈추는 데 효과적이다. 평가나 판단은 공감적 경청을 방해하는 대표적 요소다. 마치 씨를 뿌리기 전 밭갈이를 하는 것처럼 엄마의 마음 밭을 가는 일이 바로 반영하기다. 엄마의 반영은 아이의 행동이나 상황을 있는 그대로 읽어줌으로써 아이가 자신을 좀 더 이해할 수 있도록 돕는다. 누군가 반영해주면 자신을 좀 더 객관적으로 바라보게 되고, 이는 자기 이해의 초석이 된다. 자신이 왜 자동차를 파랗게 칠했는지, 왜 집을 2채 그렸는지 그 이유를 돌아보게 된다. 채원을 떠올리며 자신과 통하는 부분을 생각해본다. 외부 세상뿐만 아니라 자신의 내면에서 일어나는 역동들에 대해서도 찬찬히 살펴보면서 자신에게 한 발자국 더 가까이 다가가게 된다.

참고로 반영하기를 하지 말아야 할 때가 있다. 아이가 위험한 행동을 하거나 문제 되는 행동을 반복하고 있을 때다. 아이가 1시간만 게임을 하고 나서 숙제를 하기로 했는데, 1시간 5분을 넘어가고 있다면 이때는 반영하기가 적합하다. “약속한 시간에서 5분이 지났네”라고 말함으로써 아이 스스로 자신의 행동을 돌아보게 유도한다. 그러나 아이와 게임 때문에 갈등을 겪는 중이라면 다르다. 반영만으로는 안 된다. 예를 들어 아이가 4시간째 컴퓨터 게임을 하고 있다면 엄마가 그대로 반영만 하는 건 위험하다. 이때는 아이의 행동 이면에 도사리고 있는 욕구 등을 살피는 마음 맞춤(4장 참고)이나, 또는 올바른 행동 지침을 알려주는 훈육이 필요하다. 혹은 심리 치료가 필요할 수도 있다.

## : 몸 맞춤 실제 사례_ 친구들이 괴롭혀요!

10여 년 전 수현의 같은 반 친구 형이 자살을 했다. 장례식장에서 만난 그 아이 엄마의 표정을 잊을 수가 없다. 마치 강풍이 휩쓸고 지나간 것처럼 황량함만 남아 있었다. 엄마들 몇몇이 손을 잡고 위로를 할 때, 그 엄마가 텅 빈 눈으로 허공을 좇으며 말했다.

"우리 아이가 죽었는데, 그것도 제 손으로 제 목숨을 끊었는데, 엄마인 나는 그 이유조차 전혀 모른다는 사실이 숨을 쉴 수 없을 정도로 괴로워요."

어릴 때는 엄마에게 미주알고주알 털어놓던 아이들이 자라면서는 자신의 이야기를 쉽사리 꺼내지 않는다. 나이와 말수는 반비례한다. 엄마로부터 심리적 독립을 꿈꾸는 아이들은 자라면서 점차 말수를 줄여간다. 아이와의 몸 맞춤이 중요한 이유가 여기에 있다. 비록 입은 다물었지만, 아이들은 자신도 모르는 사이에 여러 심리적 단서를 흘린다. 몸으로, 표정으로 보내는 메시지에 주의하지 않으면 말해주지 않는 이상 엄마는 아이에게 무슨 일이 일어나는지 알 수가 없다. 따라서 엄마는 늘 주의를 기울이며 아이를 관찰해야 한다. 몸 맞춤이 모든 관계의 가장 기초라는 사실을 잊지 말아야 한다. 몸 맞춤을 통해서 아이의 문제를 함께 해결한 엄마의 사례를 보자.

몸 맞춤

요즘 아이가 기운이 없다. 걸음걸이도 축축 처진다. 행동이 평소와 달리 느려졌다. 표정이 어둡고 고민이나 걱정이 많아 보이는 눈빛이다. 고개를 떨어뜨리고 늘 땅을 내려다보며 걷는다.

엄마: 현우야, 요즘 엄마가 보기에 기운도 없고 어딘가 아파 보이는데 괜찮니? 엄마는 너무 걱정이 돼.

현우: 아무 일도 아니에요.

엄마: 그렇구나. 아무 일도 아니라는 거지. 그렇다면 다행이지만, 엄마는 우리 현우가 평소와 다른 것 같아서 염려가 돼.

현우: ……

엄마: 걱정거리나 힘든 일 있으면 언제든 엄마한테 얘기해줘. 엄마가 도울 일이 있으면 도울게.

아이가 말을 꺼내기 어려워하면 채근하는 대신 그 마음도 그대로 수용한다. 이렇게 엄마의 마음만 전달해도 아이는 이해를 받는다고 느낀다. 며칠 뒤, 현우는 엄마에게 와서 어렵사리 자신의 이야기를 꺼낸다.

현우: 엄마, 친구들이 괴롭혀요. (이때 엄마는 놀란 마음을 진정시키는 게 중요하다. 어떤 상황에서도 엄마는 흔들리거나 넘어져서는 안 된다)

엄마: 친구들이 괴롭힌다는 거지.

현우: 네.

엄마: 구체적으로 어떻게 괴롭히는 거야?

현우: 별명을 부르면서 놀리고 가끔 때리기도 해요.

엄마: 별명을 부르면서 놀리고 가끔 때리기도 한다는 거네. (엄마 마음이

차고 오를 때는 심호흡을 통해 진정시키는 게 필요하다)

엄마: 엄마 마음이 이렇게 내려앉는데, 우리 아들 많이 힘들었겠네. 지금은 어때? 괜찮아?

현우: …… (울먹거린다)

엄마: 눈물을 흘리는 걸 보니 아직 많이 힘들구나. (아이를 가볍게 안아주거나 어깨를 감싸 안아준다. 그리고 감정이 조금 진정될 때까지 기다려준다. 이때 엄마는 깊은 호흡을 유지하면서 상황에 흔들리지 않도록 주의한다. 엄마가 호흡을 유지하면 아이에게도 편안한 정서가 전달된다) 우리 현우 많이 힘들었을 텐데, 지금이라도 용기 내어 말해줘서 고마워.

엄마의 꾸준한 관찰로 아이의 변화를 눈치채고 편안하게 다가갈 때 아이는 마음의 빗장을 연다. 아이 마음이 어느 정도 진정되면 그때 무슨 일이 일어났는지 묻고 들어야 한다. 그러면서 아이에게 가장 필요한 것이 무엇인지 생각해야 한다. 마지막으로 엄마가 어떻게 도울 수 있는지도 생각해봐야 한다.

"엄마가 어떻게 도와주면 좋겠어?"

아이가 엄마에게 SOS를 요청한다면 엄마는 적극적으로 나서야 한다. 그러나 혹시 아이가 스스로 해결해보겠다고 말한다면 아이에게 믿고 맡겨야 한다. 아이의 해결 방법이 서툴고 어수룩하게 느껴지더라도 일단 아이를 믿어야 한다.

대부분의 아이들은 부모의 도움 없이 혼자 힘으로도 그럭저럭 학교생활을 잘해나갈 수 있다. 그러나 상황이 심각하다고 판단되면, 그 즉시 부모가 개입해야 한다. 부모의 역할은 구조대원이어야 한다. 구조대원이 늘 현장을 관찰하면서 예의주시하되, 문제가 터지면 곧바로 출동하는 것과 같다. 즉, 조바심을 내지 않고 개입할 때와 믿고 바라봐줄 때를 분별할 수 있어야 한다. 그러기 위해서는 늘 아이를 관심 있게 관찰해야만 한다.

현우는 몇 달 전부터 친구들 몇 명으로부터 괴롭힘을 당하기 시작했는데, 다행히 엄마에게 자신의 이야기를 솔직하게 털어놓을 수 있었다. 자신이 주로 하굣길에 CCTV가 없는 쓰레기 소각장 근처에서 괴롭힘을 당한다는 사실을 알아차렸고, 엄마에게 도움을 요청했다. 이후 약 한 달가량 엄마는 하굣길에 쓰레기 소각장 근처에서 아이를 기다렸다가 집으로 데리고 오는 일을 반복했다. 다만 아이가 원하는 대로 가해 학생들을 모른 체하면서 그저 어디론가 급히 데려가는 것처럼 연기를 했다. 이때 의도적으로 보란 듯이 아이의 어깨를 감싸거나 안아주는 등의 행동을 통해 아이 뒤에 엄마가 있다는 사실을 공공연하게 드러냈다. 그 후 친구들의 괴롭힘은 사라졌다.

엄마는 아이에게 믿음을 보여주고 언제나 아이 편이 되어야 한다. 무엇보다 아이가 맞거나 왕따를 당했을 때 가장 먼저 해야 하는 것은 다친 마음을 위로하는 일이다. 이때 엄마는 아이에게 "네 잘못이 아니야"라는 메시지를 정확히 전달해야 한다. 혹시라도 '네가 못나서, 약해서, 찌질해서'라는 말로 아이를 비난해서는 절대 안 된다. 피해를 입은 우리 아이가 수치심을 겪게 해서는 안 된다. 이는 상처 위에 소금을 뿌리는 행위다. 엄마는 아이가 물리적으로도, 감정적으로도 상처 입지 않도록 최대한 주의하며 보살펴야 한다. 친구들에게 상처받고 거부당하는 아이에게 엄마는 문제해결사 이전에 심리적 완충제 역할을 해야 한다.

3장

# 눈 맞춤, 관계의 양과 질을 정하다

# 'I see you'의 진짜 의미

한 엄마가 자녀 문제로 갈등을 겪다가 어렵사리 가족 치료를 받으러 갔다. 심리 상담사는 엄마에게 "아이를 사랑해야 한다"라고 몇 번이나 강조했다. 엄마는 누가 뭐래도 이미 내 자식을 차고 넘치도록 사랑하는데, 자꾸 사랑하라고 강조하는 심리 상담사의 말이 힘들었다. "도대체 사랑한다는 것은 어떤 거예요? 어떻게 사랑해야 하는데요?" 이 질문에 대한 심리 상담사의 대답은 "가슴 깊숙이 우러나는 사랑이요"였다.

아이를 사랑하지 않는 엄마는 단연코 없을 거라고 나는 확신한다. 문제는 사랑의 정의와 방식이다. 보이지도 만져지지도 않는 사랑을 우리는 어떻게 정의할 수 있을까? 엄마들이 말하는 사랑은 참으로 다양하고 폭넓었다. 마치 정의란 무엇인가에 대한 답을 찾는 것과 비슷하다. 쉬운 것 같으면서도 가장 어려운 게 바로 이 사랑이 아닐까? 어느 드라마에서 "나를 사랑하기는 해?"라는 여성의 말에 "사랑하니까 지금껏 만났잖아!"라고 맞받아치는 남성의 대사가 안경에 서린 입김처럼 뿌옇다. 사랑이 어려운 이유 중 하나가 바로 사랑에 대해 정확히 모르기 때문이다.

## : 아이를 사랑하는 일, 아이를 이해하는 일

사랑이란 무엇일까? 강의 중에 부모들에게 이 질문을 던지면 잠시 침묵이 흐른다. 지금껏 별달리 생각해보지 않았던 터라 질문을 받고서야 부랴부랴 생각해보는 표정들이다. 오래전 상담에서 만난 중학교 1학년 아이의 절규가 아직도 생생하다. 상담 중 울음을 터뜨리며 한 말이 "엄마가 날 사랑하지 않았으면 좋겠어요!"였다. 이게 도대체 무슨 말일까? 상처 되는 엄마의 말 뒤에는 항상 "이게 다 너를 사랑해서 하는 말이야"가 꼬리표처럼 따라붙었다.

사실 누군가를 억지로 사랑하기는 쉽지 않다. 자식도 마찬가지다. 깨물어서 안 아픈 손가락이 있다고 솔직한 속내를 털어놓는 엄마들도 있다. 사랑이 어렵다면 최소한 아이를 존중하라. 인간은 누구나 한 인격체로 존중받아 마땅하다. 존중은 나보다 어리고 미성숙하고 약한 대상에 대한 태도다. 특히 부모 자식 관계에서는 존중이 사랑보다 앞서는 개념이어야 한다. 그럼에도 불구하고 아이를 사랑하리라 마음먹는다면 사랑의 본질에 대해서 좀 더 고민해 보자. 애지욕기생愛之欲其生. 『논어論語』에 나오는 말이다. 누군가를 사랑한다는 것은 그 사람이 살아 있기를 간절히 원해야 한다는 의미다. 다시 말해, 엄마의 사랑은 아이에게 산소와 같아야 한다.

인디언 말에서는 '사랑하다'와 '이해하다'가 같은 말이라고 한다. 여러분은 아이를 얼마나 사랑하는가? 아이를 얼마나 이해하는가? 아이를 사랑하는 것은 아이의 마음을 이해하는 일이다. 어제는 아이의 행동이 이해가 되다가도 오늘은 도무지 왜 이러는지 모르겠다. 아이들은 저마다 참 다르다. 같은 형제자매라도 다르다. 놀이 기구 앞에서 신나 어쩔 줄 모르는 형을 보면서 동생은 공포에 질려 한사코 타지 않겠다고 발버둥을 친다. 새로운 사람을 만날 때마다 먼저 다가가서 큰 소리로 인사하는 동생 뒤에는 수줍어서 어쩔 줄 몰라 하는 언니가 있다. 그뿐인가? 초등학교 때까지는 엄마와 마음이 잘 통하던 아이가 중학교에 올라가면서부터 외계인이 되어버린다. 온통 이상한 말만 하고 미운 짓만 골라서 한다. 다 안다고 생각했는데, 어느 순간 뒤통수를 맞는다. 아이가 중

고등학교에 가면 엄마에게 툭 던지는 한마디가 있다. "엄마가 도대체 나한테 해준 게 뭐가 있어?" 엄마들은 아이를 이해하기 어렵다고 하소연한다. 다른 말로 아이를 사랑하지 않는다는 것이다. 아이를 사랑하는 일, 참 어렵다. 사랑에도 연습이 필요하다.

## : 눈은 감정을 담고 있는 그릇이다

먼저 아이의 마음 안에는 감정이 있다. 감정은 한 사람의 욕구와 가치, 바람을 반영한다. 나아가 어떤 선택을 하고 의사 결정을 해야 하는지에 대한 목표와도 관련이 있다. 외부에서 똑같은 자극을 받더라도 개인의 주관적 해석에 따라 감정은 다르게 표현된다. 예를 들어보자. 놀이공원에서 롤러코스터를 타려고 줄을 서 있다. 이때 두렵고 무서운 아이도 있는 반면, 신나고 설레는 아이도 있다. 두려운 아이는 안전에 대한 욕구가 강하지만, 설레는 아이는 새로운 경험에 도전하고자 하는 욕구가 강하다. 원래는 놀이 기구를 좋아했던 아이가 놀이 기구를 타다가 사고를 겪었다면 이후로는 두려움에 휩싸일 수도 있다. 이처럼 감정은 많은 정보를 제공한다. 자극이 나에게 불쾌한지, 유쾌한지를 알려준다. 또한 다가서야 할지, 물러서야 할지도 감정이 주는 중요한 정보다. 앞선 예시

속 놀이 기구의 경우, 무서운 아이는 타지 않는 게 유리한 반면에 설레는 아이는 시도해봄으로써 욕구를 충족시킬 수 있다. 그러므로 감정을 안다는 건 자신을 이해하는 일이다. 나아가 아이를 이해한다는 건 아이의 마음과 감정을 아는 것이다. 엄마들은 아이의 마음이 궁금한데 열어볼 길이 없다고 하소연한다.

〈인사이드 아웃Inside Out〉이라는 영화가 있다. 아이 안의 5가지 감정들, 즉 기쁨, 슬픔, 화남(버럭), 불안(소심), 혐오(까칠)가 주인공이다. 이 감정들이 주인공의 뇌 안에서 좌충우돌하는 내용을 다룬 작품으로, 감정과 관련한 웰메이드 영화다. 이 영화처럼 우리 아이의 마음도 누군가 속 시원하게 뒤집어서 보여준다면 얼마나 좋을까? 도대체 알기 어려운 아이의 마음과 감정을 엿볼 수 있는 통로를 찾는 수밖에!

그런 의미에서 2009년 '아바타 신드롬'을 일으켰던 영화 〈아바타Avatar〉에서 나비족의 인사를 기억하는가? 영화의 전체 줄거리보다 나의 관심을 끌었던 장면은 바로 나비족의 인사였다. 나비족은 서로의 눈을 들여다보면서 "I see you"라고 말한다. I see you에는 단순히 본다는 뜻을 넘어 너를 이해한다는 의미가 내포되어 있다. 너의 눈 속에 가득 담긴 모든 경험과 가치를 받아들인다는 의미다. 흔히 눈은 마음의 창이라고 한다. 눈은 건물 내부를 들여다볼 수 있는 창문과 같다. 아이의 눈 속에는 아이의 마음이 담겨 있다.

미국의 시인 랄프 왈도 에머슨Ralph Waldo Emerson의 "사람의 눈은 혀만큼이나 많은 말을 한다"라는 말처럼, 아이는 말보다는 눈으로, 표정으로 훨씬 더 많은 이야기를 한다. 별처럼 반짝이는 눈, 촉촉하게 젖어 있는 눈, 텅 비어 있는 눈, 멍한 눈 등은 감정을 나타내는 표현들이다. 눈은 눈 주위의 근육을 사용해 감정과 관련한 가장 미세한 정보를 전달한다. 눈보다 더 정확하고 다양하게 감정을 드러내는 곳은 없다. 누군가에게 매력을 느끼거나 긍정적인 기분일 때는 동공이 커지고 마치 조명을 받은 것처럼 반짝반짝 빛난다. 그런가 하면 불쾌하거나 기분이 언짢을 때는 동공이 수축된다. 예를 들어, 공포를 느끼면 우리 눈은 흰자위 부분인 공막이 확대된다. 반면에 화가 나면 노려보게 되는데, 이때 눈꺼풀은 올라가고 이마는 내려와 긴장감을 자아낸다. 평생에 걸쳐 감정을 연구한 미국의 신경 심리학자 폴 에크만Paul Ekman에 따르면, 눈은 우리 인류가 형성한 인간 생명 활동의 일부다. 눈에서 가장 빠르고 쉽게 읽히는 감정이 우리 생존과 직결되는 놀람, 공포, 분노라는 것을 생각한다면 이 말은 지극히 타당하다. 우리 인류는 서로의 눈맞춤을 통해서 위험을 감지하고 위협을 미리 차단할 수 있었다. 아이 마음이 궁금하다면 아이의 눈을 응시해야 하는 이유가 여기에 있다.

## : 아이와의 소통은 눈 맞춤에서 시작된다

아이와의 생애 첫 눈 맞춤을 기억하는가? 아이를 품에 안고 눈 맞춤을 하는 순간, 생사를 넘나들던 10시간의 고통은 거짓말처럼 사라진다.

아이와의 첫 눈 맞춤이 나처럼 스펙터클한 사람이 있을까? 첫째 딸 지현은 생후 5일이 지나서야 눈을 떴다. 출산의 안도와 기쁨도 잠시, 매일 매 순간 아기 눈을 바라보는 내 마음은 새까맣게 타들어갔다. 동공을 확인하기 위해 아침저녁으로 의사와 간호사들이 번갈아가며 눈을 뒤집다 보니 아기의 눈은 어느새 새파랗게 멍이 들었다. 5일째 아침, 의사 선생님은 포기한 듯 정밀 검사를 제안했다. 그런데 그 말에 반응이라도 하듯, 바로 그 순간 아기는 눈을 떴다. 잊을 수 없는 첫 눈 맞춤이었다. 작고 까만 눈동자는 "엄마, 저 괜찮아요!"라고 말하는 듯했다. 아이와의 감격스러운 첫 소통이었다. 이렇게 나는 엄마가 되었다.

독일의 심리 치료사 다미 샤르프Dami Charf는 그녀의 저서 『당신의 어린 시절이 울고 있다Auch alte Wunden konnen heilen』에서, 아이가 태어나 엄마와 처음 눈을 맞추는 순간에 집중적으로 애착이 일어난다고 말했다. 신생아에게는 바로 이때가 이 세상에 잘 안착한 순간이며 양육자는 물론 자기 자신과도 연결되는 순간이다. 신생아들은 30~40cm 정도 거리 안에 있는 물체만을 볼 수 있다. 이 거리는 바로 엄마의 가슴에서 눈까지의 거리다. 샤르프는 아기가 젖을 먹으면서 영양을 공급받을 때 눈 맞춤을 통해 심리적 영양까지 함께 공급받는다고 봤다. 엄마가 자신을 쳐다볼 때 심리적 안정감은 물론 살아 숨 쉬는 자기 존재감도 느낀다.

엄마와의 눈 맞춤이 아이의 성장에 얼마나 많은 영향을 끼치고 중요한지를 강조한 심리학자나 전문가들은 셀 수 없이 많다. 그중 놀이를 통해 애착은 물론 정서 조절까지 도울 수 있다고 주장한 미국의 놀이 치료사이자 심리학자인 로렌스 J. 코헨Lawrence J. Cohen의 말을 인용해보자.

> 우리는 흔히 갓난아기와 주요 양육자 사이의 유대를 '눈 사랑(Eye-love)'이라고 부른다. 이는 서로의 눈을 그윽하게 바라보며 감정을 교류하고 두터운 유대감을 느끼며, 거의 한 존재로 녹아버리는 관계라는 의미다.

이처럼 엄마와 아이는 눈빛을 통해 감정 상태에 관한 신호를 주고받으면서 의사소통한다. 갓 태어난 아기와의 소통은 눈 맞춤에서 시작된다. 젖을 먹고 방긋 웃는 아기를 바라보며 엄마도 환하게 웃어준다. 엄마가 무표정으로 쳐다보면 아이는 눈길을 피하고, 사랑스러운 눈길을 보낼 때 아이는 엄마의 눈을 좇는다. 아이에게 엄마와의 눈 맞춤은 세상과의 연결이다. 세상을 어떻게 받아들일지, 다른 사람과의 관계를 어떻게 만들어갈지는 엄마와의 눈 맞춤에 그 뿌리를 둔다.

불행히도 많은 엄마들은 아이들이 자라는 동안 아이들로부터 시선을 점차 거둬버린다. 이제 엄마들의 시선은 아이의 눈에서 행동으로 옮겨간다. 아이의 눈을 바라보며 원하는 것을 궁금해하는 대신, 아이의 행동이나 태도를 보며 잘못된 것을 찾는 데 몰두한다. 어릴 때는 밥풀을 흘리는 아이를 못 견뎌내고, 말이 느린 아이를 답답해한다. 좀 더 자라면 한글을 못 읽는 아이가 한심하고, 친구들과 잘 어울리지 못하는 아이가 바보 같다. 엄마의 속도에 치여서 아이를 옥죄고 다그치느라 주어진 시간이 늘 부족하다. 어느 순간부터 더 이상 아이와 눈 맞춤을 하지 않는다. 아이가 지금 내 앞에 있어도 눈을 들여다볼 시간이 없다. 아이도 엄마의 눈을 볼 시간이 없다. 엄마의 시선에 끌려들어가는 순간, 뭔가를 끊임없이 해내야 하기 때문에 늘 불안하고 초조하다. 엄마와 자녀의 소통이 점점 줄어드는 이유다.

## : 아이의 눈을 바라보라

중학교에 다니는 딸이 어느 날 갑자기 말한다.

"엄마, 학교 그만두면 안 돼요?"

엄마의 심장은 덜컥 내려앉고 손발이 떨리면서 아무런 생각이 나지 않는다. 그 순간 엄마의 머리에는 최악의 시나리오가 전개된다. 중학교도 제대로 졸업하지 못한 아이의 앞날이 먹구름처럼 암담하게 다가온다.

'학교를 그만두고 싶다고 말하는' 아이마다 처한 상황이나 이유는 다를 수 있다. 그러나 그 말에 대한 엄마들의 반응은 한결같다. "중학교도 못 나와서 대체 뭘 해서 먹고살 건데? 남들 다 잘 다니는 학교를 너는 왜 그만두겠다는 거야. 대체!"

어느 날 갑자기 학교를 그만두겠다는 아이의 말에 흔들리지 않고 차분히 대응할 엄마가 몇이나 될까? 대부분의 엄마들은 아이의 느닷없는 말에 휘청거린다. 아이의 말에 당황스럽고 생각이 막힐 때는, 일단 심호흡을 하면서 엄마의 마음부터 가라앉히는 게 필요하다. 감정에 압도되는 순간 사고의 뇌는 닫혀버린다. 이 상태라면 마흔이 넘은 엄마나 열다섯인 아이나 거기서 거기다. 도긴개긴이다. 이성적으로 판단이 어려운 상태에서 아이와 마주 앉는 것은 글러브를 끼지 않고 링 위에 오르는 것처럼 위험하다. 아이의 말이 아닌, 말 이면에 숨겨진 이유를 들여다보는 과정이 필요하다. 이때 필요한 게 바로 눈 맞춤이다. 눈 맞춤을 통해 대화의 속도를 맞출 수 있다. 자칫 엄마가 아이보다 미리 문제 해결을 하려는 충동을 막아준다. 마음이 가라앉는다면 아이의 눈을 바라보라. 눈은 편집되거나 각색되지 않은 아이의 감정을 있는 그대로 보여준다. 참고로 눈 맞춤은 평소 아이를 관찰해온 결과를 바탕으로 자연스럽게 이뤄진다.

**몸 맞춤**

요즘 아이가 평소보다 30분가량 늦게 일어난다. 아침을 먹는 둥 마는 둥 한다. 몸에 기운이 없어 보인다. 학교를 그만두고 싶다고 말한다.

**눈 맞춤**

눈 맞춤을 피한다. 눈동자는 주로 아래쪽을 바라보고 눈꺼풀이 아래로 처져 있다. 무기력하고 우울해 보인다.

이때는 아이에게 다가가 "많이 지치고 힘들어 보이는데, 엄마가 도와줄 일이 있을까?"라고 걱정스럽게 물어볼 수 있다.

**몸 맞춤**

화내는 일이 잦아졌다. 엄마에게도 간혹 버릇없이 툭 내뱉듯이 말한다. 물건 등을 발로 툭툭 건드리거나 찬다. 학교를 그만두고 싶다고 말한다.

**눈 맞춤**

눈썹을 찌푸리고 이마 가운데 주름이 잡혀 있다. 힘을 줘 노려본다. 화나 짜증이 가득 묻어난다.

이때는 "화가 난 것 같은데, 학교에서 무슨 일이 있었니?"라고 물어볼 수 있다. 다만, 화난 아이에게 직접 다가가기보다는 아이의 화가 어느 정도 가라앉을 때를 기다려야 한다. 화난 아이의 감정을 부채질해 분노의 화살이 자칫 엄마를 향할 수도 있다.

특히 사춘기 아이가 불같이 화가 난 상태라면 신중하게 접근해야 한다. 예를 들어 "너 화났구나? 무슨 일이야? 뭔데 이렇게 화를 내는 거야?"라는 말은 아이를 자극해 감정의 불똥이 엄마에게 떨어질 수도 있다. 이럴 때는 곧바로 대응하기보다는 어느 정도 감정이 가라앉기를 기다려야 한다. 그래야 아이에게 상처 될 말이나 미숙한 맞대응, 방어적인 행동을 막을 수 있다.

운전을 할 때 신호에 따라 속도를 조절해야 하는 것처럼 아이와의 소통도 마찬가지다. 아이의 눈빛은 신호등과 같다. 말뿐만 아니라 아이의 눈빛이 보내는 신호를 제대로 감지해야 한다. 때로는 바짝 다가가 마음을 살펴야 하지만, 때로는 주의를 두고 잠시 기다려주는 것도 필요하다. 간혹 아이가 보내는 신호를 읽지 못해 빨간불에서 부딪치고 넘어지는 엄마들을 많이 본다.

# 눈 맞춤의 양과 질이 관계를 정한다

아이가 방금 그린 그림을 들어 보이며 엄마에게 묻는다.

"엄마, 이 그림 어때?"

이때 엄마는 아이를 쳐다보지도 않고 빨래를 정리하면서 대답한다.

"응, 잘 그렸네."

자신의 눈을 쳐다보지도 않는 엄마가 내 그림에 흥미가 없다는 것, 나아가 나에게 관심이 없다는 사실을 아이는 직감적으로 알아차린다.

## : 눈을 바라봐야 하는 이유

아이와 진심으로 마음을 나누려면 먼저 아이의 눈을 바라봐야 한다. 눈 맞춤 없이 전달되는 말은 제아무리 긍정적이고 좋더라도 의미가 없다. 엄마가 아이의 과제 수행을 지지하고 격려하는 말을 할 때는 눈 맞춤이 이를 강화해 아이의 긍정적 정서에 영향을 주지만, 아무리 좋은 언어적 지지라도 눈 맞춤이 적은 경우에는 도리어 역효과를 낸다는 국내의 연구 결과가 있다. 예를 들어 "우아~ 잘했네"라고 말하면서 눈길을 주지 않는다면 오히려 아이의 부정적 감정이 증가한다. 아이는 엄마가 진심이 아니라 공수표를 날린다는 사실을 이미 안다. 이를 뒷받침하는 연구 결과가 있다. 2019년 영국 케임브리지대학교의 과학자들은 어른과 아이가 이야기를 할 때 눈 맞춤을 하면 뇌파로 인해 소통이 증가한다는 사실을 밝혔다. 또한 부모와 아이 간의 서로 일치하는 뇌파 교환은 아이의 소통 능력은 물론 정서와 학습 능력도 향상시킬 수 있음을 알아냈다.

몇 년 전 EBS 교육대기획 〈학교란 무엇인가〉에서 상위 0.1% 아이들의 비밀을 파헤친 적이 있었다. 흥미로웠던 상위 0.1%의 비밀은 다름 아닌 엄마와의 소통이었다. 소통의 양은 일반 아이들과 별반 차이가 없었다. 모두 일주일 동안 3시간이 채 안 되었지만, 엄마와의 소통 후 느낌이 긍정적이냐 부정적이냐의 평가에서 결과가 갈렸다. 실제 모자간의 대화를 보여주는 화면에서 두드러진 특징은 눈 맞춤이었다. 상위 0.1% 아이와 엄마는 대화 중 자연스럽게 눈 맞춤이 이어지는 반면, 다른 모자는 눈을 제대로 쳐다보지 않는 모습이 인상 깊었다. 이처럼 엄마와 눈 맞춤을 많이 하는 아이일수록 감정을 잘 다룰 수 있을 뿐만 아니라 공부까지 잘할 수 있다는데, 눈 맞춤을 마다할 이유가 있을까?

상담에서 아이들이 하소연하는 것 중 하나가 "아무도 내 말을 안 들어줘요!"다. 말을 아예 안 하냐고 물어보면 그건 아니라고 한다. 뭔가 이야기를 하기는 하는데, 차라리 안 하느니만 못하다고 푸념한다. 어쩐 일인지 대화를 하면 할수록 화가 난다. 엄마나 아빠가 자신들의 말을 안 듣는다. 자신들의 말을 듣는지 안 듣는지 아이들은 어떻게 알까? 흔히 대화는 양이 아니라 질이라고 한다. 질적인 대화의 핵심은 눈 맞춤이다. 서로의 눈을 바라보면서 나누는 대화에는 다른 것들이 개입될 여지가 없다. 두 사람의 시선이 마주치는 순간 서로에게 집중하면서 그 공간에는 둘만 남는다. 엄마가 아이와 눈을 맞출 때 서로의 마음속에서 감정을 차단하던 모든 막이 걷힌다. 스페인 바르셀로나대학교 연구팀은 우리가 다른 사람의 얼굴을 바라볼 때, 뇌는 상대방의 얼굴 부위 가운데 눈부터 주목하고, 그다음으로 입, 코 순으로 정보를 입력한다는 사실을 밝혔다.

'몸이 천 냥이면 눈이 구백 냥'이라는 말이 있다. 상대방과 눈을 맞추는 행위는 사회적 상호 작용의 가장 기초다. 살아 있다는 것은 관계를 느끼는 일이다. 아무리 잘난 사람도 사랑받는 존재임을 느끼지 못하면 삶이 공허해진다. 관계는 말로 나눌 수도 있지만, 사실 말이 필요 없는 경우가 더 많다. 말은 입으로 하지만 교감은 눈을 통해 일어난다. 그냥 바라봐주고 눈빛으로 지지하고 느낄 수만 있어도 관계는 형성된다. 눈빛을 통해 말의 진정성과 강도를 짐작하기 때문이다. 우리는 누군가의 손등이나 발등 혹은 엉덩이를 보면서 사랑을 느끼지 않는다. 손이 예뻐서 또는 허리가 날씬해서 사랑에 빠졌다는 말을 들어본 적이 거의 없다. 우리의 감정을 불러일으키는 것은 바로 상대방의 눈이다. 대화를 할 때 상대방의 눈을 바라봐야 하는 이유가 여기에 있다. 눈을 보지 않는다는 건 대화의 의지가 없다는 신호다.

## : 눈은 다른 사람의 감정을 읽는 단서다

언젠가 채널A 〈아이콘택트〉라는 프로그램을 우연히 본 적이 있다. 두 사람이 마주 앉아서 5분 동안 눈을 맞추고 조용히 바라본다. 그저 눈동자를 바라보면서 아무 말도 하지 않지만, 이 짧은 시간 동안 참 많은 말들이 오고 가는 걸 느낀다. 내가 대학에 다니던 1980년대 말에서 1990년대 초 엄청난 인기를 끌었던 가수 김민우 씨가 11살 딸과 함께 출연했다. 김민우 씨는 2년 전 부인과 사별했다. 증세를 알고 입원한 지 일주일 만에 세상을 떠났다고 하니, 그 허망함은 이루 말할 수 없었으리라. 그런데 부인과의 사별보다도 더 마음이 아픈 게 어린 딸이었다. 당시 9살이었던 딸은 엄마가 떠났을 때도, 그리고 그 이후로도 한 번도 울지 않았다고 한다. 어린 나이에 감당하기 힘들 만큼 아팠을 텐데 단 한 번도 소리 내서 울거나 떼를 쓰지 않았다고 한다. 아빠와 딸이 마주 앉아 서로의 눈을 바라본다. 그저 아무 말 없이 서로의 눈동자에 비친 자신을 바라볼 뿐인데도 부녀는 많은 이야기를 나누고 있었다. 어느 순간 딸의 볼을 타고 눈물이 주르륵 흘러내렸다. 이후 발갛게 충혈된 아빠의 눈에도 눈물이 고였다. 그렇게 아빠와 딸은 마주 보고 한동안 눈물을 주고받았다. 2년 동안 꾹꾹 눌러뒀던 눈물이 세상 밖으로 나오는 순간이었다.

그런데 이 장면을 지켜보는 나는 왜 눈물이 나는 걸까? 드라마를 보다가도, 다큐멘터리를 보다가도 불쑥 눈물이 난다. 갱년기가 되다 보니 내 신체 기관을 내 마음대로 조절하는 것도 힘들다. 슬픈 장면만 나오면 가족들은 일제히 약속이나 한 듯이 나를 쳐다본다. 우리가 다른 사람의 감정 상태를 직관적으로 느끼는 것은 우리 뇌의 거울 뉴런 때문이다. 거울 뉴런은 상대방의 감정 상태를 우리 내부에서 재현한다. 슬픈 장면을 보면서 나도 모르게 눈물을 주르륵 흘리는 이유다. 공감을 받은 아이들은 거울 뉴런이 발달하기 때문에 다른 사람을 공감하기 쉽다.

거울 뉴런이 다른 사람의 감정을 알 수 있는 단서가 바로 눈이다. 눈은 우리의 감정 상태를 가장 잘 나타내는 곳이다. 미국의 심리학자 다니엘 골먼Daniel Goleman은 "눈을 맞추면 서로 연결된다"라고 말했다. 눈을 맞추면 서로의 안와 전두엽 부분이 연결된다. 눈 바로 위 안쪽에 위치한 안와 전두엽은 다른 사람의 감정을 읽고, 행동을 해석하고, 그것이 나에게 불쾌한지, 유쾌한지를 판단하고 점검하는 기능을 한다. 우리 안의 감정을 다른 사람의 감정과 연결하는 데 직접적인 눈 맞춤보다 더 빠르고 효과적인 방법은 없다. 아이와 정서적으로 연결되고 싶다면 엄마는 아이와의 눈 맞춤을 소홀히 해서는 안 된다.

## : 관계를 조율하는 비밀

눈 맞춤은 다른 사람과의 관계를 조율하는 데도 효과적이다. 작년 말, 중학교 3학년을 대상으로 감정 교육을 진행했다. 사실 중학생을 대상으로 하는 교육은 힘들다. 더군다나 졸업을 한 달가량 앞둔 중학교 3학년 아이들은 상상 그 이상이다. 이맘때면 수업 없이 거의 자습으로 채워지기 때문에 뭔가를 공부한다는 자체가 아이들에게는 고문이다. 게다가 외부 강사다. 수업이라기보다는 도떼기시장처럼 시끄럽거나 장례식장처럼 엄숙하거나(절반 이상이 엎드려 잔다), 둘 중 하나다. 수업을 들어가기 전 심호흡은 필수다. 심호흡 후 교실에 들어서서 가장 먼저 아이들 하나하나와 눈을 맞추려 애쓴다. 한 아이씩 눈으로 도장을 찍듯이 찬찬히 둘러보면서 수업을 소개하고 나를 소개한다. 이렇게 눈 맞춤을 하다 보면 수업이 도떼기시장이 될지 장례식장이 될지 감이 온다. 단지 눈 맞춤만 했을 뿐인데 아이들 마음이 보인다. 말할 것도 없이 눈 맞춤이 많이 되는 반에서의 수업이 역동적이고 재미있다. 눈 맞춤은 상호적이다. 나의 단호함과 부드러움을 아이들에게 보여주는 데도 효과적이다. 신뢰는 눈으로 쌓인다.

오래전 가족 캠프 중에 일어난 일이다. 부모들과 유아부터 중학교 1학년까지의 아이들이 캠프에 참여했다. 물 풍선 활동을 할 때다. 서로 마주 보고 물 풍선을 주고받는 활동으로, 물 풍선이 터질 수도 있기 때문에 속도와 거리 등을 서로 조율하면서 조심히 던지고 받아야 한다. 이 활동을 통해서 서로의 관계를 가늠해볼 수 있다. 이날 아빠에게 끌려온 중학생 딸은 있는 힘껏 아빠를 향해 물풍선을 던지는 바람에 아빠가 어쩔 줄 몰라 쩔쩔맸다. 반면에 6살 딸과 참여한 아빠는 모두의 시선을 끌었다. 활동이 시작되자마자 아이의 눈높이에 맞춰서 무릎을 꿇고 앉았다. 아빠를 바라보는 아이의 활짝 웃는 모습이 아직도 눈에 선하다. 이 활동에서의 핵심은 아빠와 아이의 눈 맞춤이다. 서로 눈 맞춤을 통해 관계를 조율하고 다듬어가는 활동으로, 활동 후 소감에서 깊은 깨달음과 감동을 나눈다. 이처럼 관계는 눈 맞춤의 양과 질이 결정한다 해도 과언이 아니다.

## : 눈 맞춤은 호감도와 비례한다

눈 맞춤을 주제로 한 연구는 많다. 그중 가장 낭만적인 연구가 바로 미국의 심리학자 캘러먼과 루이스의 실험이었다. 서로 전혀 모르는 남녀 48명을 모집해 A그룹에는 아무런 지시를 하지 않고, B그룹에는 2분간 상대방의 눈을 바라보도록 했다. 두 그룹 중 어느 그룹이 서로에 대한 호감도가 더 높았을까? 당연히 B그룹이다. 이 낭만적인 실험의 결론은 '눈 맞춤은 호감도와 비례한다'는 것이다. 누군가 눈을 바라봐줄 때 우리는 관심을 받는다고 생각하며 상대방이 온전히 나에게 집중하고 있다는 확신을 얻는다. 내 존재에 관심을 갖고 경청하는 사람에게 끌리지 않을 사람이 있을까?

눈 맞춤에는 마치 자석의 S극과 N극이 끌리듯이 서로의 관계를 더욱 강력하게 끌어당기는 힘이 있다. '서로 눈이 맞는다'라는 옛말이 있듯이 눈 맞춤은 상대방의 혈관에서 사랑의 호르몬인 페닐에틸아민을 솟구치게 한다. 눈 맞춤은 심장 박동의 증가와 아드레날린이 정맥을 통해 분비되는 등 신체적 반응을 일으키는데, 이는 흔히 우리가 누군가를 사랑할 때 나타나는 생물학적인 반응이다. 이처럼 눈 맞춤의 효과는 우리의 생각 그 이상이다. 우리 아이와 눈을 맞추는 순간, 잠들었던 사랑을 깨우는 동시에 정서적으로도 끈끈하게 연결된다.

아이에게 엄마는 첫사랑이다. 첫사랑은 평생 마음에 간직된다. 첫사랑은 그다음 사랑에도, 그다음의 다음 사랑에도 영향을 미친다. 첫사랑과의 관계가 어떠했는지는 우리 몸에 각인되어 이후 모든 관계의 색깔을 정한다. 아이에게 어떤 첫사랑의 기억을 남겨줄 것인가는 엄마와의 눈 맞춤에 달려 있다 해도 지나친 말이 아니다.

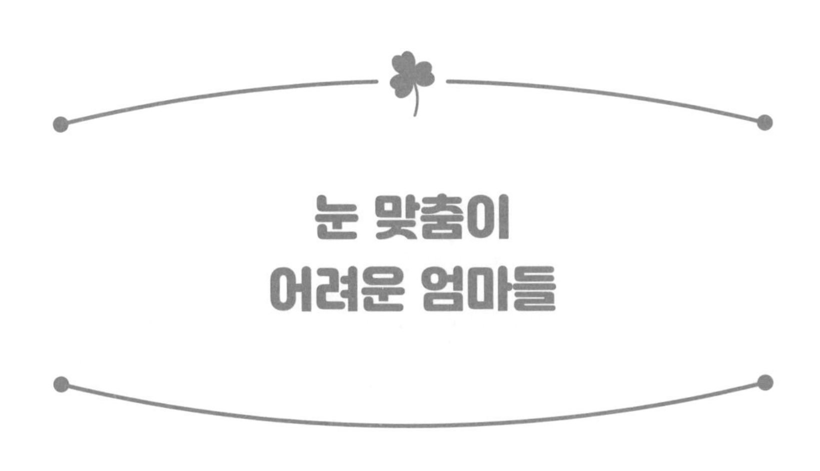

# 눈 맞춤이 어려운 엄마들

누군가 여러분에게 친구가 몇 명이냐고 물어본다면 몇 명이라고 대답할 것인가? 요즘처럼 소통이 활발한 적이 있었을까? SNSSocial Network Services(사회 관계망 서비스)를 통해 수백에서 수천 명의 사람들과 친구 관계를 맺고 있다. 한 다리 건너면 너도나도 친구다. 언제 어디서나 인터넷으로 연결되어 굳이 만나지 않아도 언제든지 다른 사람과 소통이 가능하다. 현대를 살아가는 우리는 2개의 자아를 지녔다. 하나는 발을 땅에 딛고 살아가는 현실 속의 나고, 또 다른 하나는 SNS를 포함한 인터넷 공간상에서 활발히 활동하는 가상 세계 속의 나다. 현실 속의 나는 볼품없어도 가상 세계 속의 나는 원하는 대로 만들어낼 수 있다. 얼굴이나 몸매를 바꾸는 일은 누워서 떡 먹기다. 심지어 성별도 바꿀 수 있다. 언제든 '내가 바라는 나'로 살아갈 수 있다. 수천 명의 친구들도 내 곁에 있다. 이처럼 마법 같은 일들이 날마다 벌어지는데, 어찌 된 일인지 현대인들이 가장 많이 호소하는 질병이 우울증이다. 마음의 감기라 불릴 만큼 흔해서 우리 주변에서도 쉽게 찾을 수 있다. 단군 이래 역대급으로 활발하게 소통이 일어나고 있는데 무엇이 우리를 우울하게 하는 걸까?

## : SNS에는 눈 맞춤이 없다

텍스트에는 표정이 없다. 문자 끝에 정성스레 이모티콘을 첨부하기 위해 많은 공을 들이지만 자신의 감정을 고스란히 전하기에는 한계가 있다. 그러다 보니 의도와 다르게 의미가 잘못 전달되어 낭패를 겪는 경우도 다반사다. SNS상의 친구는 수백에서 수천 명이지만, 현실에서는 아무도 나에게 관심이 없다. 우리는 서로의 눈을 응시하면서 감정을 주고받는다. 이러한 눈 맞춤은 우리를 정서적으로 연결시켜주며 서로의 유대감을 강화시켜준다.

요즘은 '눈 맞춤 결핍'의 시대다. 흡사 모두 눈을 가린 채 허공을 향해 팔을 허우적대는 것 같다. 누군가 곁에 있지만 보이지 않아 외롭고 두렵다. 화려한 가면무도회의 꺼진 조명을 연상시킨다. 혹시 '카페인 우울증'이라고 들어본 적이 있는가? 여기서 '카페인'은 카카오스토리, 페이스북, 인스타그램의 앞글자를 딴 단어로, 타인의 SNS를 보고 우울감을 느끼는 증상을 일컫는다. 많은 사람들이 카페인의 행복 경쟁 속에서 상대적 박탈감을 호소한다. 2014년 오스트리아 인스부르크대학교 연구팀은 "페이스북을 오래 사용할수록 우울감을 쉽게 느끼고 자존감이 떨어진다"고 밝혔다. 이처럼 SNS는 양날의 검이다. 긍정적인 측면도 있지만, 그에 못지않은 부정적인 측면도 있다. 가장 큰 문제는 감정 나눔이 아닐까? 표정을 볼 수 없기에 솔직한 감정도 알기가 어렵다. 무엇보다 텍스트를 통해서는 눈 맞춤이 어렵다. SNS가 오히려 관계를 해치고 파편화시키는 건 아닌지 의심스럽다.

한 초등학교 집단 상담에서 만난 20대 중반 아빠의 이야기다. 어린 나이에도 불구하고 아이가 셋이었고, 그중 큰아이가 초등학생이었다. 첫날 내 왼쪽 바로 옆자리에 앉은 아빠는 수업 내내 관심을 갖고 참여했다. 그런데 이상한 점이 포착되었다. 내가 이야기하는 중에 왼쪽으로 고개를 돌리면 반사적으로 시선을 바닥으로 떨어뜨렸다. 거의 동물적 반응에 가까운 속도였다. 나와 눈이 마주치는 것을 두려워하는 표정이 역력했다. 그래서인지 다음 날 아빠는 가장 먼저 도착해서 맨 끝자리에 앉았다. 내가 바라보지 않을 때는 나를 뚫어져라 보다가도 혹여 내가 고개를 돌려 눈을 마주치기라도 하면 화들짝 놀라 황급히 시선을 거둬들이기를 반복했다. 결국 상담 내내 한두 번도 시선을 제대로 마주치지 못했다. 이 아빠는 눈 맞춤이 왜 이토록 불편했을까?

그는 어린 시절 아버지로부터 신체적, 정서적 학대를 받아오다 결국 고등학교 때 가출을 감행했다. 집 밖을 떠돌던 그에게 위안이 되었던 것은 게임 속 사람들과 SNS상의 친구들이 전부였다. 현실의 내 모습을 들키지 않고 인터넷상에서는 그런대로 괜찮은 사람으로 사는 게 가능했다. SNS로 여자 친구를 만났고 19살부터 동거를 했다. 그러나 현실의 삶은 기대와 달랐다. 결혼을 하고 아이를 셋이나 낳았지만 여전히 사람들과의 관계는 힘든 과제였다. 경제 활동은 꿈도 못 꾼 채 하루 종일 집 안에서 게임과 SNS에만 매달렸다.

## : 눈 맞춤이 불편하고 어려운 이유

우리 주변에는 눈 맞춤이 어려운 사람들이 의외로 많다. 소통에서 이토록 중요한 눈 맞춤이 불편하고 어려운 이유는 무엇인가?

첫 번째 이유는 우리 몸 안에 새겨진 원시적인 DNA에서 찾을 수 있다. 우리 인류는 선사 시대부터 누군가의 집요한 시선을 받는 일을 생존에 대한 위협으로 받아들였다. 깊은 산속에서 맹수를 맞닥뜨린 상황을 상상해보라. 팔만 뻗으면 닿을 거리에서 뾰족한 송곳니를 드러내며 금방이라도 나를 집어삼킬 듯이 노려보고 있다. 여러분이라면 이 상황에서 어떻게 하겠는가? 이처럼 낯선 이의 시선을 폭력처럼 느끼는 이유는 생존에 유리하도록 우리 몸에 저장된 프로그램 때문이다. 눈이 마주치는 순간 우리 몸이 위협을 감지한다면 이유 여하를 막론하고 피하는 게 상책이다.

두 번째 이유는 사회 문화적인 배경에서 찾을 수 있다. 우리나라를 포함한 일본이나 중국 등 동아시아에서는 누군가와 눈을 마주치는 것이 무례하다고 여기거나 강한 압박으로 받아들여졌다. 따라서 눈 맞춤은 긴장을 불러일으키기 일쑤였다. 악수를 하더라도 상대방을 정면으로 바라보는 대신 바닥을 내려다보는 게 예의라고 여겼다. 1990년대 이전의 영화나 드라마만 살펴봐도 서로 마주 보지 않고 대화를 나누는 장면을 심심치 않게 볼 수 있다. 지금은 변화하고 있지만, 여전히 우리 사회는 누군가와 눈 맞춤을 하는 일을 남사스럽고 버릇없다고 생각하는 경우가 많다. 그러나 이제는 눈을 똑바로 마주치지 못하는 경우 오히려 자신감이 결여된 것으로 간주한다. 심리학적으로도 상대방과의 눈 맞춤 회피는 사건이나 진실을 직면할 자신이 없는 것으로 판단한다.

세 번째 이유는 감정 상태에서 찾을 수 있다. 부정적인 감정 상태일 때 눈 맞춤은 어렵다. 수치스럽거나 두렵고 불쾌할 때, 혹은 불안하거나 우울할 때도 눈 맞춤은 어렵다. 아이가 엄마를 쳐다보지 않는 경우도 있다. 엄마에게 부정적인 감정을 느낄 때다. 엄마와 갈등이 있는 경우에도 엄마의 눈을 쳐다보지 않는다. 자신의 진심을 들키고 싶지 않아서다. 대개 이런 아이들은 엄마와의 눈 맞춤이 길어지면 엄마가 자신을 공격한다고 인식한다. 따라서 방어하거나 되받아치려고 몸을 사린다. 아이가 스트레스를 받았을 때 흔히 나타나는 징후 중 하나도 눈 맞춤을 피하는 것이다. 갑자기 눈치를 보거나, 눈을 평상시보다 자주 깜빡거리거나, 눈 맞춤을 하지 않으려고 한다면 스트레스로 인한 증상이라고 볼 수 있다. 심한 스트레스의 경우, 눈 맞춤을 피할 뿐만 아니라 아이의 표정이 어둡거나 위축되어 보인다. 이때 아이에게 엄마의 눈을 보라고 다그치면 스트레스가 가중될 수 있으니 주의해야 한다.

그런가 하면 엄마들도 부정적인 감정 상태일 때 아이와의 눈 맞춤에 어려움을 겪는다. 눈 맞춤을 힘들게 만드는 대표적인 감정이 바로 죄책감과 우울이다.

## : 죄책감이 높은 엄마들

죄책감이 높은 엄마들은 아이의 눈을 제대로 쳐다보기 어렵다. 아이에게 늘 미안하다. 자신을 못나고, 부족하고, 한심한 엄마로 여긴다.

"엄마가 제대로 돌봐주지 못해 미안해."

"다 엄마 잘못이야."

"엄마가 너무 못난 것 같아."

한숨 쉬듯이 "미안해"라는 말을 내뱉는다. 실제 미안해서 몸 둘 바를 몰라 한다. 때론 아이의 눈치를 살피기도 한다. 자신이 제대로 못 해줘서 아이에게 부정적인 영향이 갈까 봐 안절부절못한다. 사실 죄책감의 이면에는 엄마의 높은 기준이 똬리를 틀고 있다. '이 정도 엄마는 되어야 해'라는 생각이 자신을 채찍질한다. 기준에 미치지 못하는 자신을 부끄러워하고 창피하게 여긴다. 엄마라면 엄마 역할을 완벽하게 해야 하는데, 제대로 못 하는 것 같아 미안하고 죄책감이 든다.

죄책감이 높은 엄마들은 열등감이 높다. 엄마 스스로 자신이 마음에 들지 않는다. 자신은 못나고 결점 덩어리다. 다른 사람이 자신을 어떻게 볼지 늘 불편하고 불안하다. 아이뿐만 아니라 다른 사람들과의 눈 맞춤도 어렵다. 제대로 눈을 못 보고 피하기 일쑤다. 열등감이 높은 엄마들은 자신에게 속한 모든 것이 다 보잘것없게 느껴진다. 자신의 아이도 못나고 부족해 보인다. 못난 엄마의 기운이 아이에게 고스란히 전염된다. 결국 아이도 죄책감과 열등감에 시달릴 가능성이 높다.

찾아가는 상담에서 만난 엄마의 사연이다. 어렸을 때 부모님이 맞벌이를 하느라 큰 오빠가 자신을 돌봐줬다. 엄마와 아빠는 새벽 일찍 나가서 밤 12시가 되어야 돌아왔다. 엄마와 아빠의 얼굴을 보는 날이 거의 손에 꼽을 정도였다. 오빠는 스트레스를 가장 어린 여동생에게 풀었다. 언제부터인지 기억이 나지 않는 순간부터 폭력이 시작되었다. 어떤 때는 피가 터지도록 맞은 날도 있었다. 오빠의 폭력은 고등학교 때까지 계속되었지만, 그 누구에게도 말하지 못한 채 20살이 넘자마자 도망치듯이 결혼을 했다. 결혼 상대의 조건은 순한 사람이었다. 절대 손찌검을 하지 않을 것 같은 사람과 결혼했지만, 결혼 후 첫아이를 낳고 폭력은 시작되었다.

심리학에서는 개인이 미처 해결하지 못한 문제가 있을 경우, 자신도 모르게 동일한 문제 속으로 반복해서 끌려들어간다고 본다. 알코올 중독 아버지에게서 자란 딸이 다시 알코올 중독인 남편을 만나는 경우가 이에 해당한다. 이 엄마도 마찬가지다. 어린 시절의 고통스러웠던 폭력이 다시 반복되고 있었다. 결국 이혼을 하고 아이 둘과 살고 있다. 문제는 둘째 아이였다. 중학교 2학년인 딸은 학교에서 잦은 폭력과 일탈, 범죄 문제로 엄마를 힘들게 했다. 그러나 엄마는 화를 내지 못하고 오히려 미안해했다. 제대로 된 가정을 꾸리지 못한 게 미안했다. 아빠와 엄마가 죽일 듯이 서로 싸우는 모습만 보여서 미안했다. 엄마 자격이 없는 엄마여서 미안했다. 온통 미안함투성이었다.

상담을 하던 중 딸이 하교를 했다. 하교 시간이 아닌데 뭐가 마음에 들지 않았는지 가방을 싸서 집으로 와버렸다. 그러고는 집에 들어오자마자 대뜸 엄마에게 이게 다 엄마 때문이라고 악에 받쳐서 소리를 질렀다. 차마 듣기 거북할 정도의 욕설과 거친 행동에 당혹스러웠다. 그런데 엄마는 아이의 이런 잘못된 행동에 대해 아무런 대응을 하지 못했다. 그저 바닥만 쳐다보며 묵묵히 듣고 있었다. 아니, 들리지 않는 것처럼 행동했다.

죄책감이 높은 엄마들은 마치 고장 난 라디오처럼 '미안해'를 반복한다. 엄마의 '미안해'를 듣는 아이는 모든 게 자신의 탓인 것처럼 괴롭다. 엄마의 죄책감은 아이의 죄책감을 부추긴다. 그러다가 정말 엄마 탓인 것처럼 생각한다. '맞아. 엄마가 잘못한 거야'라는 생각이 들고 급기야 엄마를 공격하거나 비난한다.

"엄마 때문에 내가 이렇게 된 거야."

"대체 엄마가 나한테 해준 게 뭐가 있어?"

이제 주도권을 아이가 가져가버린다. 아이가 이렇게 된 것마저도 자기 탓인 양 생각하는 엄마는 더 깊은 죄책감으로 빠진다. 문제는 아이와 제대로 눈 맞춤을 못 하는 데 있다. 아이의 삐뚤어진 행동을 바로잡는 일은 엄마의 역할이다. 이때는 단호한 태도로 엄격하게 가르쳐야 하지만, 아이의 눈을 똑바로 보지 못하는 엄마에게는 불가능한 일이다. 제대로 훈육하는 일은 어른의 역할이다. 그러나 죄책감은 사람을 위축시킨다. 아이에게는 엄마가 없는 것과 마찬가지다. 늘 나에게 '미안해하고', '굽실거리는' 사람만 있을 뿐이다. 무엇이 잘못되었는지, 어떻게 행동해야 하는지를 명확하게 안내해줄 어른이 필요하지만 아무도 없다. 그래서 아이는 늘 혼란스럽다.

세상의 모든 엄마는 어느 정도의 죄책감을 갖고 살아간다. 죄책감은 잘못된 행동을 바로잡게 해주는 중요한 감정이다. 죄책감을 느껴야 같은 실수를 반복하지 않는다. 이처럼 죄책감은 옳은 방향으로의 변화를 끌어내는 감정이다. 다만 죄책감이 도가 지나칠 때 문제가 된다. 미안하지 않아도 되는 일까지 '미안해'를 남발하는 엄마들이 있다. 엄마 탓이 아닌 일에도 '내 탓이오'를 반복한다. 죄책감이 많은 엄마들은 '미안해'를 줄여야 한다. 이 세상에 완벽한 엄마는 없다. 있는 그대로의 자신과 상황을 수용하고 보듬어야 한다. 부족한 부분은 부족한 대로 받아들일 필요가 있다. 부족해야 인간미가 있다!

개인적인 고백을 하자면, 나도 아이들이 어렸을 때 한동안 죄책감으로 고통스러웠던 적이 있다. 태어날 때 태열이 있었던 지현은 유치원에 다니면서 아토피 피부 질환이 심해졌다. 팔이나 다리가 제대로 접히지 않을 만큼 진물이 나고 피도 났다. 정말이지 안 해 본 것 없이 다 해봤다. 좋다는 치료는 다 해보고, 약이란 약은 다 써보는 데도 좀체 나아지지를 않는 아이를 보면서 좌절했다. 아이들이 잠든 시간에 혼자 화장실에 틀어박혀서 소리 죽여 울었다. 병원이나 치료실을 가면 지나가는 모든 사람들의 시선이 따갑고 아프게 느껴졌다. "아휴, 저 엄마는 애를 도대체 어떻게 키운 거야? 애 피부가 저게 뭐야?", "그러고 보니 엄마 피부는 멀쩡하잖아. 쯧쯧……"이라는 소리가 환청처럼 들렸다. 어찌할 수 없는 상황에서 한없이 절망했고 죄책감은 나의 숨통을 조였다.

임신해서부터 지금까지 뭘 잘못했는지를 끊임없이 뒤적이면서 자책거리를 찾았다. 못난 엄마여서 미안했고, 부족한 엄마여서 미안했고, 아이가 겪지 않아도 될 고통을 겪고 있는 것 같아서 미안했다. 미안해서 아무것도 제대로 하기가 힘들 정도였다. 아니 죄책감에 떠밀려서 무엇이든 해야 했다. 이런저런 치료법으로 인해 아이의 고통은 가중이 되었고, 날마다 전쟁이 끊이지 않았다. 아이를 위한 일이라지만 죄책감을 들어내기 위한 나의 모든 시도가 아이에게는 힘겹고 고단한 여정이었다. 어느 날 밤, 아이는 여느 때와 같이 피부를 진물이 나도록 긁었고, 나는 평소처럼 약(민간요법)을 뿌렸다. 약물이 피부에 스며들자마자 아이는 까무러치듯 울어댔다. 순간 '지금 아이를 학대하고 있는 건 아닐까?'라는 생각이 머리를 스쳤고 그 자리에 주저앉았다. 그러고 나서 이대로는 안 되겠다는 생각이 들었다. 내 안에서 꿈틀대는 죄책감을 털어내는 게 시급했다. '그래, 아플 수도 있지! 아픈 게 나 때문은 아니잖아. 나 때문이라면 동생도 같은 질환을 앓고 있어야지. 그건 아니잖아. 그래, 이건 그냥 받아들여야 하는 거야. 이렇게 자책한다고 해결될 일이 아니야'라는 생각은 미쳐가는 나에게 한 움큼 숨을 불어넣어줬다.

죄책감 때문에 고민이라면 한 가지만 기억하자. 죄책감을 두르고는 아이를 제대로 볼 수가 없다. 죄책감은 엄마 눈에 커튼을 드리운다. 나 역시도 죄책감에서 벗어나니 비로소 지현의 온전한 모습이 눈에 들어왔다. 그동안은 '아토피에 시달리는 환자'이기만 했던 아이가 사랑스럽고 귀여운 모습으로 내 눈에 들어왔다. 지현과의 관계 회복도 여기서부터 시작되었을지도 모른다.

## : 우울하고 무기력한 엄마들

한 집 건너 한 집에 우울한 사람이 있다. 주변을 약간만 둘러봐도 우울한 사람 천지다. 나만 우울한 게 아니다. 우울은 마음의 감기라 불릴 만큼 흔하다. 우울과 우울증은 다르다. 우울 그 자체는 문제가 되지 않지만, 우울증으로 진전되면 문제가 된다. 우울은 스스로 감정을 통제하는 것이 가능하다. 그러나 우울증은 스스로 통제가 불가능한 상태로, 슬픔, 공허, 절망 등과 뒤엉켜 나타난다. 우울증은 반드시 전문적인 치료가 필요하다. 우울한 엄마들도 아이와 눈 맞춤이 어렵다. 우울한 엄마들은 매사 의욕이 없고 한숨을 달고 산다.

"내가 그렇지 뭐."

"뭐 달라질 게 있겠어? 그게 그거지."

"나는 왜 이 모양일까?"

찾아가는 상담에서 가장 많이 만나는 유형의 엄마들이 우울하고 무기력한 엄마들이다. 아이가 학교에서 문제를 일으켜 상담이 진행 중이어도 도무지 개입할 기운이 없다. 교육에 참여하거나 상담을 신청할 기력도 없다. 엄마 자신의 에너지가 바닥나서 경고등이 켜진 상태다. 이 엄마들은 무기력하다. 삶이 내 뜻대로 되지 않는다. 스스로 통제할 수 있는 게 아무것도 없다. 열심히 살아봐도 같은 자리만 맴돈다. 아무도 자신을 알아주지 않는다. 세상에 내 편이 없다. 하고자 하는 일도 없고 할 만한 일도 없다. 해도 어차피 목표에 도달하지 못할 거라 여기고 미리 체념한 채 슬럼프에 빠진다. 간혹 어떤 일에 지나치게 몰두한 나머지 극도의 피로감이 몰려오는 번아웃Burnout 상태에서도 우울을 느낀다.

초등학교 특강에서 만난 한 엄마는 언제부턴가 아이들이 꼴도 보기 싫어졌다고 고백했다. 매사가 귀찮아졌다. 아이들에게 느닷없이 화를 내기도 한다. 이 엄마는 20년 가까이 다니던 회사가 갑자기 부도가 나서 하루아침에 실직자 신세가 되었다. 아이들을 키우면서도 그만두지 못하고 자신의 모든 청춘을 바친 회사였다. 처음에는 '그래, 오히려 잘됐어. 이참에 아이들하고 시간을 많이 보내고 좋지 뭐'라고 생각했지만, 이상하게 날이 갈수록 힘들어졌다. 처음에는 엄마가 집에 있는 걸 반기던 아이들은, 점점 언성이 높아지고 날카로워지는 엄마를 무서워했다. "엄마, 일하러 언제 가요?" "다시 회사 나가면 안 돼요?" 아이들의 이 말들이 엄마를 더 힘들게 했다. 자신은 회사에서도 집에서도 쓸모가 없었다. 잠깐 동안 자신의 이야기를 하는데도 눈물이 연신 볼을 타고 흘러내렸다.

우울과 분노는 동전의 양면과 같다. 제때 제대로 해소되지 못한 분노가 쌓이고 쌓이면 우울로 나타난다. 그러다 어느 순간 제어가 안 되면 폭발한다. 아이들은 엄마가 도대체 왜 그러는지 이유도 모르고 당한다. 평소에는 자기한테 관심도 없이 누워만 있던 엄마가, 어느 날 갑자기 소리를 지르고 신경질을 낸다. 도대체 나한테 뭘 어쩌라는 건지 알 수가 없다. 엄마 눈치를 보는 게 일과가 되었다. 학교에서 신나게 놀고 돌아와도 집에 들어서는 순간 기운이 축 처진다. 아이는 자신도 모르게 기분이 가라앉고 마음이 무거워진다. 엄마는 나에게 관심도 없는 듯 보인다. 쳐다보지도 않는다. 내가 어떻게 지내는지 물어보지도 않는다. 나를 귀찮아하는 것 같다. 내가 곁에 있어도 없는 사람처럼 취급한다. 외롭다. 나 혼자인 것 같다. 간혹 엄마에게 안기거나 애교라도 부릴라치면 엄마는 나를 밀어낸다. 다 귀찮다고 말한다. 엄마에게 나는 중요한 사람이 아니다. 나는 그저 엄마를 귀찮게 하고 힘들게 하는 못난 아이다. 그런데 문득 화가 난다. 내가 뭘 잘못한 거지? 내 마음대로 되는 게 하나도 없다.

여러 논문과 연구에 따르면, 기분이 우울한 사람은 행복한 사람과는 달리 상대방의 눈을 잘 쳐다보지 않는 것으로 나타났다. 눈을 피하는 것은 상대방과 소통할 의사가 없다는 의미로 받아들여지고, 그러면 상대방은 떠나간다. 그러고 나서 우울로 이어진다. 우울한 엄마들에게서 자라는 아이들은 엄마의 시선에서 벗어나 있다. 엄마와의 눈 맞춤은커녕 따뜻한 시선을 받는 일조차도 어렵다. 자신의 존재를 확인시켜주는 누군가의 수용적이고 사랑스러운 눈길이 절실한 아이들은 밖으로 시선을 돌릴 수밖에 없다. 상담 시 문제가 되는 행동을 하는 아이들은 대개 관심을 끌고자 하는 경우가 많다. 가만히 있으면 아무도 쳐다봐주지 않는다. 책상에 다리를 올리고 앉아야만 선생님의 시선을 끈다. 누군가를 괴롭히고 때려야만 자신을 향해 소리를 지른다. 그렇게라도 관심을 받으면 살 것 같다. 마치 악플보다 무플이 더 견디기 어려운 것과 같다. 이마저도 안 되면 아이는 자신만의 세계로 숨어들어가버린다. 아이도 엄마처럼 우울해진다. 감정은 이런 식으로 대물림되기 쉽다.

우울할 때는 일단 움직이자. 우울이란 무거운 감정을 깔고 앉아 있어봐야 도움이 안 된다. 의기소침하고 무기력하게 웅크리고 있어봤자 더 우울해질 뿐이다. 산책을 하거나 자전거를 타거나 조깅을 해보자. 요가도 도움이 된다. 우울이란 감정은 전전두엽과 변연계를 연결해주는 부분에 문제가 있을 때 나타난다. 10분만 운동해도 우리 뇌는 전전두엽을 자극해서 변연계와의 연결을 좀 더 강화시킨다. 운동만 해도 기분이 한결 나아진다. 한 가지 유념할 점은 우울이 아니라 우울증이 의심된다면 반드시 전문적인 치료를 받아야 한다는 사실이다.

우울할 때는 누군가 마음을 알아줄 만한 사람에게 속마음을 털어놓고 공감을 받는 게 좋다. 감정을 공유하다 보면 자신이 무가치한 사람이 아니라는 걸 알고, 지금 겪고 있는 이 감정 또한 지나가는 폭풍이라는 사실을 깨닫는다. 용기를 내서 솔직하게 자신의 감정을 말하라. 힘들다고 말하라. 말하는 순간 고통의 무게는 줄어든다. 그러면 누군가 당신의 무게를 함께 나눌 사람이 나타난다. 기억하라. 당신은 절대 혼자가 아니다. 아무도 없다고 느껴진다면 우리 아이를 떠올려보자. 우리 아이는 태생적으로 나의 편이다! 아이를 꼭 안아주는 것만으로도 위로가 되고 위안이 된다. 당신은 엄마다. 세상에 엄마보다 더 소중하고 고귀한 이름이 있을까?

많은 연구에서는 우울한 감정에서 벗어나려면 적극적으로 상대방의 눈을 쳐다보는 것이 중요하다고 강조한다. 상대방의 눈을 통해서 관심받는다는 확신이 들고, 이는 서로를 정서적으로 연결시켜준다. 고립되고 외로운 마음에서 벗어날 수 있는 방법은 바로 누군가와의 연결이다. 아이와의 눈 맞춤은 아이뿐만 아니라 엄마에게도 보약과 같다. 마음이 가라앉는다면 아이의 맑은 눈을 바라보자. 곁에 있는 우리 아이를 온기를 담아 꼭 안아보자. 아이는 엄마에게 마음의 치료제다.

# 눈 맞춤을 위한 사전 점검

이 책에서 말하는 눈 맞춤은 2가지를 포함한다. 하나는 엄마가 아이의 눈을 바라보는 것으로, 눈뿐만 아니라 눈 주위의 근육이나 눈썹, 나아가 표정까지 살피는 것을 말한다. 다른 하나는 서로 눈을 바라보며 시선을 일치시키는 것으로 우리가 흔히 눈 맞춤이라 일컫는 행위다. 1장에서도 설명했지만 눈 맞춤은 몸 맞춤의 단계를 거쳐야 가능한 중급 과정에 해당한다. 엄마가 평소 아이 존재에 관심을 쏟아붓고 관찰해야 비로소 아이의 표정이 보이고 눈빛을 읽을 수 있다. 대체로 부모와 자녀 사이에 별다른 문제가 없다면 눈 맞춤에도 별 어려움이 없다. 이어지는 4장에서 자세히 언급

하겠지만 눈 맞춤은 공감 시 제일 먼저 해야 할 소통의 가장 기본이다.

## : 시작은 몸 맞춤부터

고등학교 1학년 준호는 가출을 밥 먹듯이 한다. 가출한다고 해서 딱히 하는 일도 없다. 그저 정처 없이 걷거나 서울역사 등에서 잠이 든다. 불편한데 도대체 왜 가출을 하느냐는 나의 질문에 "집에 있으면 숨을 못 쉬겠어요"라고 말한다. 누가 이 아이를 이토록 숨 막히게 하는 걸까? 찾아가는 상담이 의뢰되어 준호네 집을 방문했다. 엄마는 준호가 집에 있을 때도 눈을 쳐다보거나 말을 걸지 않았다. 마치 두 사람이 다른 공간에 있는 것처럼 행동했다. 눈앞에서 영화 〈조용한 가족〉이 재연되고 있었다. 준호가 학교에서 1년간 소위 삥을 뜯기고 폭력에 시달릴 때 준호네 가족은 그 누구도 준호의 어려움을 알지 못했다. 심지어 학교 내 자진 신고 기간에 준호의 문제가 수면 위로 떠올랐지만, 아무도 이 문제에 대해서 준호와 마주 앉아 이야기를 나눈 사람이 없었다. 이후 준호는 집 밖을 떠돌기 시작했다. 집에 있으면 숨이 막힌다고 했다. 오히려 밖으로 나가면 가족들에 대한 기대가 사라지기 때문에 마음만이라도 편안해진단다.

준호 엄마에게는 몸 맞춤 솔루션부터 시작했다. 준호가 집에 있을 때만이라도 관심을 갖고 관찰하기를 연습시켰다. 작은 수첩에 기록하라고도 했다. 그리고 간간이 준호가 편안해 보일 때 준호에게 반영해주도록 했다. "오늘 준호 보라색 양말 신었네." "평소보다 10분 일찍 일어났구나." "밥을 어제보다 덜 먹는 것 같은데, 혹시 어디 불편하니?" 이때 한 가지 유념해야 할 사항은 이러한 몸 맞춤으로 금방 관계가 호전되지 않는다는 점이다. 하지만 엄마가 진심으로 관심 어린 반영을 해주면, 아이는 엄마에게로 서서히 고개를 돌리기 시작한다. 이런 식의 반영을 통해 준호와 조금씩 가까워진 다음에 눈 맞춤을 시도하기로 했다. 준호 역시 눈 맞춤에 익숙하지 않아 처음에는 낯설어했지만, 엄마가 편안하게 자신을 바라봐주자 조금씩 달라졌다. 이때는 "준호야 엄마 눈 좀 봐"라고 말하지 않는다. 그냥 준호의 행동이나 태도를 유심히 관찰하면서 준호의 감정을 더듬어본다. "30분 전부터 휴대폰을 자주 들여다보는 거 보니까 중요한 전화를 기다리는 것 같은데, 맞니? 초조해 보여." "아, 네. 영석이랑 영화 보러 가기로 했는데 아직 연락이 안 와서요." "그렇구나. 영석이랑 영화 보러 가기로 했구나. 무슨 영화 볼 건데?" 이런 식으로 자연스럽게 대화가 이어진다. 이때는 아이의 눈을 쳐다보는 게 중요하다.

아이의 눈망울을 바라보는 것에서부터 소통이 시작된다. 라디오의 주파수를 맞추듯 눈과 눈이 서로 포개질 때 조율이 시작된다. 그런데 엄마와의 눈 맞춤을 피하는 아이는 어떻게 할까? 강제로 엄마의 눈을 보라고 다그치면 더 큰 문제가 발생한다. 특히 아이가 극심한 스트레스 상태이거나 엄마와 부정적 감정으로 얽혀 있는 경우 자칫 싸움으로 번질 수 있다. 눈 맞춤이 어렵다면 몸 맞춤부터 서서히 시작하는 게 가장 자연스럽고 효과적이다.

## : Ctrl C + Ctrl V

눈 맞춤은 아이의 눈을 바라보는 일일뿐만 아니라 아이의 마음을 읽어내는 일이다. 행복해서 웃는 게 아니라 웃어서 행복하다는 말이 있다. 미국의 신경 심리학자 폴 에크만Paul Ekman은 연구를 통해 일부러 얼굴에 특정 표정을 지으면 그 표정과 관련된 감정이 내면에 발생한다는 사실을 밝혀냈다. 표정뿐만 아니라 특정 자세를 취해도 우리 뇌에서는 그 자세와 관련된 감정 정보를 송출해준다. 아이의 감정이 궁금하다면, 아이의 표정이나 행동, 태도 등을 자세히 관찰해보고 그대로 따라 해보라. 마치 키보드에서 Ctrl C + Ctrl V를 한다고 생각하면 이해하기 쉽다. 그러면 우리 뇌에서는 그와 관련된 감정 정보를 슬쩍 흘린다.

집단 상담에서 만난 중학교 2학년 남자아이의 사례다. 상담 내내 말 한마디 하지 않고 고개를 떨군 채 바닥만 내려다보고 있었다. 이때 아이를 다그치며 나를 쳐다보라고 하면 오히려 아이에게 부담을 준다. 아이가 하는 행동을 그대로 따라서 해본다.

"선생님이 보니까 5분 동안 바닥만 내려다보면서 손톱을 뜯고 있네. 선생님도 똑같이 해봤더니 약간 불안한 느낌이 올라오는데, 혹시 지금 불안하니?"

누군가 나를 주목하고 관찰하면서 내 마음을 들여다보려고 애쓴다. 아이는 머리를 살짝 들어 나를 바라보며 보일 듯 말 듯 고개를 젓는다.

"불안한 건 아니구나. 그럼 지금 마음이 어떤데?"

이때를 놓치지 않고 아이와의 눈 맞춤을 시작한다. 1초라도 충분하다. 눈 맞춤은 관심이다. 누군가 나에게 관심을 퍼붓는 것만으로도 내 존재의 가치가 살아난다. '나는 너에게 관심이 있고, 너에 대해 알고 싶고 궁금하다'가 눈 맞춤의 메시지다. 마치 전등을 켜기 위해 콘센트에 플러그를 꽂는 것과 같다. 어둠 속에서 전등을 비추면 잔뜩 몸을 말고 웅크리고 있던 아이가 서서히 고개를 든다. 이제 자신의 이야기를 해도 괜찮다는 작은 믿음이 싹튼다. 이렇게 눈 맞춤을 하고 먼저 마음이 어떤지를 물으면서 이야기는 시작된다. 아이가 힘겹게 눈을 맞춘다면 고마움을 표현해도 좋다.

"잠깐이라도 선생님 눈을 바라봐주니까 참 좋다."

심리학에는 '자세 반향'이라는 표현이 있다. 상대방과 가까워지기 위해 의식적으로 상대방의 동작을 흉내 내는 걸 말한다. 예를 들어, 아이가 물컵을 들어 물을 마시면 엄마도 따라서 물컵을 들어 물을 마신다. 아이가 팔짱을 끼면 엄마도 뒤이어 자연스럽게 팔짱을 끼면서 "그랬구나"라고 말한다. 아이가 고개를 갸우뚱하면 엄마도 갸우뚱하면서 "그래서?"라고 물어본다. 심리학자 최광선은 『몸짓을 읽으면 사람이 재미있다』에서 상대방의 몸놀림을 흉내 내다 보면 이야기나 동작의 박자가 척척 맞게 된다고 말했다. 박자가 맞으면 대화가 활기 있고 부드럽게 진행된다. 다만 상대방이 눈치채지 못하게끔 하는 게 중요하다. 그는 "서로 동작이 일치하면 무의식적으로 일체감을 느껴 마음의 간격이 좁아진다"라며 같은 마음은 같은 몸짓과 동작으로 나타난다고 했다.

## : 아이가 눈을 피한다면 시작은 '1초'부터

눈 맞춤을 통해 들어오는 다양하고 복잡한 신호를 해석하는 데는 기술과 연습이 필요하다. 사실 눈 맞춤을 기술이라고 표현하기에는 어폐가 있다. 눈 맞춤은 존재 대 존재의 접촉이다. 서로 함께 눈을 바라본다는 것은 마음 대 마음의 연결이다. 서로에게 온전히 집중하는 걸 의미하며, 더 나아가 감정을 주고받는 일이다. 눈 맞춤은 피상적인 마음만으로 되지 않는다. 엄마가 억지로 아이와의 눈 맞춤을 시도하면 아이는 짜증을 낼 수도 있다. 눈 맞춤에는 엄마의 진심이 담겨야 한다. 아이를 설득시켜 통제하려는 생각이 조금이라도 섞여 있으면 아이는 귀신같이 알아차린다. 눈 맞춤은 아이의 눈에서 아이 감정에 대한 정보를 전달받는 동시에, 엄마의 눈에 담긴 감정도 아이에게 그대로 전달된다는 사실을 기억하라.

자연스러운 대화 중 아이의 눈을 응시하되, 의식적으로 눈 맞춤을 염두에 두면 된다. 눈 맞춤을 위한 특별한 시간은 정해져 있지 않다. 언제든 아이가 내 앞에 있을 때 시도하면 좋다. 예를 들어, 함께 밥을 먹거나 거실에서 TV를 보며 이야기를 나누거나, 혹은 아이의 공부를 봐주면서도 눈 맞춤은 가능하다. 눈 맞춤을 놀이처럼 접근할 수도 있다.

"공부하기 전에 우리 한번 진하게 눈을 맞춰보면 어떨까?"

"숟가락을 들기 전, 고대 전사들처럼 서로의 눈을 들여다보는 의식을 치르도록 하자!"

하루 중 5분이면 충분하다. 다만, 엄마도 아이도 정서적으로 편안한 시간이어야 한다. 관계에 크게 문제가 없는 상태라면 "엄마 눈을 보면서 말하면 어떨까? 그럼 엄마가 지우 마음을 더 잘 알 수 있을 텐데……"라고 솔직하게 말해도 괜찮다.

아이가 눈 맞춤을 어려워하거나 피하는 경우라면 1초부터 시작하라. 1초간 눈동자를 바라보고 3초간 미간이나 뺨으로 시선을 돌린다. 이렇게 서서히 시간을 늘려가는 게 바람직하다. 미국의 경제지 「월스트리트저널Wall Street Journal」에 따르면 사람들은 대화를 하면서 약 30~60%의 눈 맞춤을 한다고 한다. 사랑하는 사람이 60% 이상이라고 한다면, 엄마와 아이는 적어도 70%는 되어야 하지 않을까? 7초간 눈동자를 바라보고 뺨이나 미간 등에 3초 정도 머문다면 부담스럽지 않은 훌륭한 눈 맞춤이다. 참고로 10초 이상 눈을 바라보면 아이는 위협을 느낄 수도 있다.

## : 엄마에게는 '감정 조절 시간'이 필요하다

엄마의 감정 상태는 아이의 감정을 왜곡시킬 수 있다. 아이의 감정을 있는 그대로 만나려면, 먼저 엄마 스스로 자신의 감정을 어루만져야 한다. 미국의 심리학자 다니엘 골먼Daniel Goleman은 "감정이입은 정서적 자기 인식이라는 기본이 있어야 구축될 수 있는 능력"이라고 말했다. 즉, 치유되지 않은 채 내동댕이쳐진 감정을 두고 아이와의 따뜻한 눈 맞춤은 어렵다. 아이의 건강한 발달에 가장 좋은 엄마는 풍부한 육아 정보와 탁월한 육아 능력을 갖춘 엄마가 아니라, 자신의 정서를 잘 돌보고 관리할 수 있는 엄마다.

10년 넘게 강의를 하면서 지각을 한 적은 딱 2번이다. 모두 불가피한 교통 상황이 원인이었다. 작년 가을 어느 날이었다. 오후 일찍 서울의 한 교육지원청에서 특강을 하고 바로 이어서 인천 남동구의 한 고등학교에서 특강이 있었다. 그날따라 이상하게 교육청의 강의가 썩 마음에 들지 않았다. 스스로 준비 부족을 느끼며 위축된 상태에서 겨우 강의를 마무리하고 인천을 가는데 돌발 상황이 생겼다. 고속 도로에서 교통사고가 크게 난 것이다. 도로 한가운데서 옴짝달싹하지 못하고 갇혀 있는 동안, 입안이 마르고 몸에서 경련이 나는 듯했다. 머리가 터질 듯 아파왔다. 결국 20분 지각을 했다. 어떻게 강의를 했는지조차 모르게 녹초가 되어 집에 왔다. 현관문을 들어서자마자 지현이 대뜸 "엄마, 저녁은?"이라고 묻는다. 그 말을 듣는 순간 목구멍에서 불덩이가 치솟았다. '내가 네 밥순이니? 엄마만 보면 밥이 생각나는 거야? 어쩜 그렇게 다들 이기적이니?'라는 생각이 휘몰아쳤다. 만약 이렇게 아이에게 소리를 지르면서 화를 냈다면 어땠을까? 아이는 엄마가 왜 화가 났는지도 모르고 순간 대역죄인이 되어버린다. 하루 내내 강의에서 내뱉은 말들이 채 식지 않은 상태여서일까? 다행히 일시 정지 버튼을 누르는 게 가능했다. (이럴 때 부모 교육 전문가라는 사실이 감사하다) 모든 생각과 반응을 멈추고 1분가량 깊게 호흡을 하면서 심리적 틈을 만들었다. (이 동안은 되도록 눈 맞춤을 하지 않는다) 그러고 나서 조용히 대답했다. "아직 못 먹었는데 배고프니?" 이 말에 지현의 대답은 나를 뭉클하게 했다. "아니, 엄마 피곤할까 봐 내가 저녁 준비했거든." 아마 그 순간 감정을 제대로 다스리지 못하고 그대로 퍼부었다면 애써 차린 밥과 함께 지현의 진심을 바닥에 내동댕이치고 말았으리라. 어쩌면 이렇게 버려지는 아이들의 진심이 엄마들이 아는 것보다 훨씬 많을 수도 있다.

내가 어렸을 때는 TV 시청 시간이 끝나면 애국가가 흘러나오고 뒤이어 치익 소리와 함께 화면에 무지개가 떴다. '화면 조정 시간'이었다. 요즘에는 24시간 케이블 방송이 생겨 보기 힘들어졌지만, TV 화면 조정 시간은 방송국에서 각 송신소까지 전파를 제대로 전달하고 있는지 시험하는 시간이었다. 화면 조정 시간처럼 엄마에게도 '감정 조절 시간'이 필요하다.

효과적인 눈 맞춤을 위해서 엄마는 자신의 감정부터 돌볼 수 있어야 한다. 순간순간 깊은 호흡을 통해 자신의 내면을 관찰한다. 정해진 시간도 없고 일정한 양식도 없다. 내면에서 무슨 일이 일어나고 있는지 알아차리는 게 중요하다. 일과를 마치고 잠자리에 들기 전도 좋고 하루를 시작하는 아침도 좋다. 하루 중 어느 때라도 편안한 시간에 모든 걸 멈추고 잠시 감정을 돌보는 시간을 갖는다. 지금 이 순간 마음이 어떤지 가만히 들여다본다. 오늘 강하게 느꼈던 감정이 있었는지 살펴보고, 감정과 관련된 상황을 조용히 떠올려본다. 감정에 적합한 이름을 붙여주고, 감정을 느끼기 전에 스쳤던 생각도 점검해본다.

## 눈 맞춤 전략

### 감정 알아차리기 → 감정에 충분히 머물기 → 감정 수용하기

"어떻게 하면 화를 줄일 수 있을까요?"

"화 안 내고 아이와 이야기하는 방법은 없을까요?"

"한번 화가 나면 참기가 어려워서 대화를 망치고 말아요."

"화가 나면 완전히 다른 사람이 되어서 아이가 저를 무서워해요."

강의 중에 엄마들의 한숨과 뒤섞여서 들려오는 단골 하소연이다. 부모 교육이나 독서 등을 통해 웬만한 육아 기술은 갖췄지만, 감정을 다스리지 못해 아이 앞에서 속수무책으로 무너지는 엄마들이다. 눈 맞춤에 앞서 엄마의 감정을 적절히 다루고 돌보는 방법을 배워야 하는 이유다.

눈 맞춤은 단순히 눈을 바라보는 것이 아니라 서로의 감정을 나누는 일이다. 뇌 과학의 연구 결과에 따르면 사람은 0.3초 만에 상대방의 감정을 인식하는데, 이는 머리가 아닌 감각을 통해 알아차린다. 즉, 아이는 엄마와 마주 앉는 순간 엄마의 감정 상태를 직감적으로 알아차린다. 앞서 밝힌 바와 같이 엄마가 우울하거나 무기력할 때 혹은 심한 죄책감에 빠져 있을 때는 눈 맞춤 자체가 어렵다. 이때는 엄마가 아이의 눈길을 피하기 쉽다. 그렇다면 엄마가 화가 나거나 짜증이 치솟은 상태라면 어떨까? 이 경우 눈 맞춤은 가능하나, 오히려 엄마와의 눈 맞춤이 아이에게는 공격이나 비난처럼 느껴져 방어하려 들거나 도망치려 할 수도 있다. 따라서 눈 맞춤을 할 때는 실제 눈 맞춤보다 눈 맞춤 전 엄마의 조화로운 정서 상태가 몇 배나 더 중요하다. 눈 맞춤의 주된 목적이 정서적 연결임을 잊어서는 안 된다.

아이와의 조화로운 눈 맞춤을 위해서는 엄마 자신과의 눈 맞춤이 먼저 되어야 한다. 거울을 볼 때마다 몇 분간 자신의 눈을 쳐다보라. 눈을 통해 자신의 내면을 들여다본다고 생각하라. 눈동자에 떠오르는 감정이 있는지 살펴라. 엄마가 자신의 감정을 다룰 수 있어야 아이의 감정 앞에서도 편안함을 유지할 수 있다. 감정을 느끼고 돌보는 방법은 의외로 간단하다. 지금부터 말하는 내용을 단계별로 따라 해보자. 한두 번으로 끝내지 말고 매일 밥을 챙겨 먹듯이 감정을 챙겨보겠다는 마음 다짐을 한다.

### : 1단계 감정 알아차리기_ 감정을 일시적으로 가라앉혀라

먼저 내 안에서 올라오는 감정을 알아차리는 것이 첫 번째 단계다. 감정은 도파민, 세로토닌, 아드레날린 등과 같은 뇌의 생화학적 반응을 동반한다. 그리고 심장 박동이나 체온의 변화, 근육의 긴장도 등과 같은 신체의 생리적 변화와도 관계가 깊다. 이 중 우리가 감정을 알아차리기 쉬운 방법은 신체의 생리적 변화다. 감정을 알아차리기 위해서는 몸에서 일어나는 변화를 감지하는 게 중요하다.

우리는 살면서 몸과 마음이 분리되는 경험을 많이 한다. 몸은 강의실 안에 있지만, 마음은 아이와 한바탕 싸웠던 어젯밤에 머물러 있다. 몸이 있는 곳에 마음이 있지 않다 보니 몸으로부터 멀어진다. 그로 인해 몸에서 일어나는 변화를 감지하기가 쉽지 않다. 몸은 쉬라는 신호를 계속 보내는데, 이를 제때 제대로 알아차리지 못하면 결국 몸을 혹사해 번아웃에 이르기도 한다.

감정은 신체 감각이라는 통로를 통해서 우리에게 찾아온다. 신체 감각과 친밀해진다는 것은 모든 의식을 지금, 여기, 이곳에서의 내 몸에 두는 걸 의미한다. 변연계와 대뇌 피질 사이에 신체 자각의 뇌라고 불리는 섬엽이 있다. 섬엽은 우리 몸의 감각을 총괄함으로써 말초 신경과 중추 신경을 연결한다. 따라서 섬엽이 잘 기능할 때 우리의 몸과 마음은 단단하게 연결이 된다. 섬엽은 신체 감각에 온전히 주의를 기울일 때 활성화된다.

알아차리는 단계는 특히 화에 있어서 아주 중요하다. 화는 일어나기 시작해서 폭발하기까지 눈 깜짝할 새다. 마치 냄비에서 국이 끓기 시작할 때 한눈팔면 순식간에 끓어 넘치는 것과 같다. 화가 스멀스멀 올라오는 걸 채 깨닫기도 전에 이미 아이에게 윽박지르거나 위협을 가하고 있다. 불교에서는 불길이 일어나기 전에 불꽃을 인지해야 한다고 가르친다. 화가 폭발하는 걸 막기 위해서는 시작점을 정확하게 알아차리고 그 지점에서 개입해야만 한다. 그러기 위해서는 냄비의 '달그락 소리'와 같은 화의 징후를 알아차려야 한다. 화가 날 때 얼굴에 열이 오르는가? 눈썹이 파르르 떨리는가? 머리가 터질 것처럼 아픈가? 개인마다 화와 관련된 신체의 생리적 변화는 다르므로 평소 화가 날 때 자신의 신체 변화를 자세히 점검하는 자세가 필요하다.

신체적 변화가 감지되는 순간, 속으로 STOP을 외친다. 신호등의 빨간불을 머릿속으로 떠올려라. 좀 더 실질적인 효과를 위해 자신의 배꼽을 누르거나 코를 감싸 쥐는 등의 행동을 하는 것도 좋다. 버튼 누르기와 같은 상상적 기법을 통해 화에 따른 공격적인 행동을 일시적으로 막을 수도 있다. 이후 1부터 10까지 숫자를 느리게 세거나 차가운 물을 천천히 들이켜면서 화를 식히는 방법도 좋다. 이를 김 빼기Steam Off 작업이라고 부른다. 김 빼기 작업은 타이밍이 중요하다. 화 조절의 핵심은 화라는 감정과 감정적 행동의 간격을 넓히는 일이다. 화가 나는 것은 괜찮다. 하지만 화를 실어 감정적으로 행동하는 것은 생각해볼 일이다.

감정이 지나치게 고양되어 있을 때는 뇌에서 사고의 작용을 억제하기 때문에 생각이 마비된다. 이때는 옳고 그름의 잣대를 대고 상황을 판단하려 해서는 안 된다. 일단 아무 행동도, 아무 말도 하지 않고 일시 정지 버튼을 누른다. 무엇보다 감정을 일시적으로 가라앉히는 게 먼저다.

## : 2단계 감정에 충분히 머물기_ 진짜 감정을 만나라

몸으로 감정이 느껴지면 그 감정을 그대로 따라가본다. 우리 안에서 수시로 올라오는 감정에는 가짜 감정도 있다. 가짜 감정은 여러 이유로 진짜 감정을 왜곡하고 덮어버린다. 예를 들어 친목 모임에서 나의 치부를 드러내며 놀리던 친구 때문에 너무나 창피하고 수치스러웠지만, 사실은 분노가 나의 진짜 감정이다. 이런 경우 얼굴을 붉히며 도망가는 대신에 친구가 잘못한 점을 짚고 자신의 심리적 경계를 지켜내야만 한다. 이것이 분노의 기능이다. 수치심은 우리를 숨어버리게 만들지만, 분노는 당당하게 나서서 문제에 제대로 직면하도록 한다. 우리는 가짜 감정을 들춰내고 그 안에서 웅크리고 있는 진짜 감정을 만나야만 한다. 진짜 감정은 해당 자극이나 상황에서 정말 자신이 느꼈던 핵심적인 감정을 말한다. 우리 존재의 핵으로, 그 순간 우리에게 무엇이 중요하고 필요한지를 말해주는 게 진짜 감정이다.

엄마들이 느끼는 화는 가짜 감정일 때가 많다. 숙제 좀 하라고 5번이나 말했음에도 불구하고 하지 않는 아이를 보는 순간, 엄마는 화가 폭발한다. 이때 엄마의 화 아래 가라앉은 감정은 어쩌면 불안이나 죄책감일 가능성이 높다. 엄마 역할을 제대로 못 하고 있다는 생각이 엄마의 화를 점점 부채질한다. 진짜 감정이 만져지면 잠시 그 감정에 머물러본다. '피곤해', '답답해', '우울해' 등 느껴지는 감정에 차분히 이름을 붙여본다. 많은 연구 결과에 의하면 감정에 이름을 붙이는 과정 자체가 감정을 조절하는 데 효과가 있다. 감정이 명확해지면 감정에 주의하면서 그대로 끝까지 따라가보라. 마음이 차분해지면서 맑아지는 걸 느낄 때까지 감정으로부터 시선을 떼지 말고 끝까지 주의를 둔다. 이때 감정에 압도당하지 않기 위해서는 깊은 호흡을 유지하도록 하라. 감정은 마치 어린아이와 같아서 충분한 관심과 주의를 끌고 나면 자연스럽게 사라진다. 마치 아이가 엄마에게 떼를 쓰다가도 엄마가 안아주고 쓰다듬어주면 언제 그랬냐는 듯 나가서 뛰어노는 것과 같다.

화라는 감정도 마찬가지다. 천천히 호흡을 고르거나 산책을 통해서 뇌에 산소를 공급해주면 뇌는 자극을 받아 활성이 되고 안정적으로 변한다. 이때 조용히 자신의 내면을 관찰해보라. 화라는 감정 아래에 묵직하게 가라앉아 있는 진짜 감정이 만져질 때가 있다. 때에 따라서는 화를 내야 할 수도 있다. 화가 진짜 감정일 때다. 중요한 사실은 근본적인 문제 해결을 위해서는 반드시 우리의 진짜 감정을 만나야 한다는 점이다. 진짜 감정에는 나의 욕구가 숨어 있기 때문이다. 진짜 감정을 알아차리고 직면해야만 우리의 욕구를 위해 정당한 행동을 할 수 있다.

### : 3단계 감정 수용하기_ 감정을 있는 그대로 끌어안아라

옳지 않은 감정은 없다. 당신이 느끼는 모든 감정은 타당하다.

자신의 감정에 대해서 “그럴 수도 있어”라고 말해주라. 아이가 미우면 “미울 수도 있어”라고 스스로에게 말하라. 이도 저도 다 귀찮으면 “귀찮을 수도 있어”라고 받아들여라. 어느 순간 엄마 역할이 버겁게 느껴지면 “버거울 수도 있지”라고 말하라. 자신의 감정을 있는 그대로 끌어안으면 그 감정으로부터 비로소 자유로워진다. 이처럼 내 안에서 올라오는 모든 감정을 수용하는 게 마지막 단계다. 자신의 감정을 수용하는 엄마가 아이의 감정도 편안하게 끌어안는다. 한 번도 인정받지 못하고 수용받지 못한 감정들은 날것으로 우리 안에 남아서 몸집을 키워간다. 수시로 고개를 쳐들며 처리해달라고, 날 좀 바라봐달라고 난동을 부린다.

엄마가 자신의 감정들과 힘겹게 싸우느라 미처 아이의 감정을 보지 못하는 경우가 많다. 설상가상으로 아이의 설익은 감정은 예고도 없이 엄마 안의 상처를 헤집고 들쑤신다. 이런 경우 눈 맞춤은 고사하고 언성을 높이거나 아이를 비난하기 쉽다.

아이와 마찬가지로 엄마의 정서적 욕구도 충족되어야 한다. 아이와의 눈 맞춤에 앞서 엄마의 정서 상태를 먼저 점검하고 보살펴야 한다. 아이가 밉다면 아이와 거리를 두라. 지금은 아이와 잠시 거리를 두고 엄마 자신의 마음을 어루만져야 할 시간이다. 이도 저도 다 귀찮다면 잠시 하던 일을 멈추고 쉬어라. 엄마에게 쉼표가 필요한 시간이다. 대나무가 휘지 않고 위로 죽 뻗어가는 비밀은 마디에 있다. 마디는 쉼표를 찍는 일이다. 방향을 상실하거나 휘지 않기 위해 엄마에게도 쉼표가 필요하다. 아무에게도 방해받지 않고 혼자만의 시간과 공간을 가져보라. 잠깐이라도 좋다. 엄마 역할이 버겁고 지칠 때는 주변에 SOS를 요청하라. 아이뿐만 아니라 엄마에게도 '엄마'가 필요하다. 늘 내 편이 되어줄 사람, 힘들 때 공감이나 위로를 구할 수 있는 사람이면 된다. 남편이면 더할 나위 없고, 엄마도 좋고, 언니도 좋고, 친구도 좋다. 언제든 당신의 이야기에 귀 기울여주고 함께 상처를 나눌 정서적 지지 자원이 곁에 있는가?

### : 눈 맞춤 실제 사례_ 화장품을 훔친 딸

중학생 딸을 둔 엄마의 이야기다. 직장에서 일하는 중에 낯선 사람으로부터 전화를 받았다. 딸이 화장품 매장에서 도둑질을 하다가 현장에서 잡혔다는 청천벽력 같은 내용이었다. 전화기 너머로 상대방의 화가 어느 정도인지 전해졌다. 온몸의 기운이 가라앉으면서 휴대폰을 쥐고 있던 손이 파르르 떨렸다. 몇 번이나 우리 아이 이름을 대면서 맞는지를 확인하고 또 했다. 직장에서 화장품 매장까지는 차로 30분 거리였다. 운전을 하면서도 손이 떨려서 정신을 똑바로 차리지 않으면 위험할 정도였다. 심장 소리인지 소음인지 구분이 안 될 정도로 모든 게 쿵쾅거렸다. 일단 심호흡을 했다. 강의에서 들은 내용을 겨우 기억해냈다. '무슨 사연이 있겠지'라는 노랫말을 계속 되뇌었다. 나는 강의에서 우스갯소리로 비상상황에서는 이 노래를 떠올리라고 이야기한다. 아이들이 어떤 행동을 할 때는 분명히 사연이 있다.

화장품 매장에 들어서자마자 우리 아이와 나란히 선 두 친구들이 눈에 들어왔다. 교복을 입은 세 아이들은 죄인처럼 고개를 푹 떨어뜨린 채 눈으로 바닥을 긁고 있었다. 곧장 아이의 이름을 불렀다. 바로 그때 고개를 들고 엄마를 바라보는 딸과 눈이 마주쳤다. 엄마의 눈에 비친 아이의 눈은 마치 도살장에 끌려가는 소처럼 두려움에 떨고 있었다. 금방이라도 눈물이 왈칵 쏟아질 듯했다. 엄마는 순간 가슴이 먹먹해졌다. 매장에 들어서기 10초 전까지만 해도 가만두지 않겠다고 별렀지만, 아이의 눈빛과 마주하는 순간 마음이 와르르 무너져 내렸다.

"뭐랄까. 눈이 마주치는 순간, 이 어린 게 얼마나 놀라고 무서웠을까 짐작이 되면서 아무 말도 못 하겠더라고요."

엄마는 아이에게 다가가 어깨를 가볍게 잡아주면서 "많이 놀랐지?"라고 말했다. 그 순간 우리 아이는 물론이고 옆에 있던 친구들마저 땅바닥에 주저앉아 울음을 터뜨렸다. 화장품 매장 주인과는 일을 차분히 마무리하고 나서 집에 왔다. 이후 아이가 어느 정도 안정이 되었을 때 마주 앉아 이야기를 들었다. 아이는 이미 자신이 한 행동이 얼마나 잘못되었는지를 깨닫고 있었고, 다시는 그런 일이 없을 거라 다짐하고 또 했다. 그러면서 보태는 아이의 말은 엄마 마음을 따뜻하게 어루만졌다.

"엄마, 고마워요."

나중에야 알았지만 아이와 함께 그 일에 동참한 친구는 총 5명이었다. 그중 엄마보다 먼저 도착한 친구의 엄마 둘은 아이를 다그치고 소리 지르며 욕설까지 퍼부었다. 특히 한 엄마는 보자마자 아이의 뺨을 때렸다. 매장 주인과 그 자리에서 합의를 보고 난 뒤에 아이를 질질 끌고 나갔다. 우리 아이와 함께 서 있던 아이들 엄마는 둘 다 전화를 받았지만, 불같이 화를 내며 "알아서 하세요!"라는 말 한마디만 남기고 전화를 끊어버렸다. 이후로도 매장에 나타나지 않았다.

사실 우리 아이가 도둑질을 했다는 말을 듣는다면 대부분의 엄마들은 흔들릴 수밖에 없다. 이 상태에서 이성을 잡고 있기란 하늘의 별 따기다. 이 엄마가 이성을 유지할 수 있었던 이유는 30분가량의 틈이었다. 30분이 불가능하다면 30초라도 충분하다. 아이를 대면하기 전 엄마의 마음을 다스리는 일이 먼저다. 아이와 눈맞춤을 하는 순간, 아이의 감정이 엄마 가슴에 세게 부딪쳤다. 엄마가 자신의 마음을 알아줄 때 아이의 마음도 활짝 열린다. 엄마는 아이에게 자초지종을 묻고, 이 행동이 왜 잘못되었는지를 명확하게 짚어줬다. 그로 인해 피해 본 사람들에게 어떻게 변상할 것인지에 대해서도 아이 스스로 책임지도록 했으며, 무엇보다 이런 일이 재발하지 않으려면 어떻게 해야 할지에 대해서도 충분한 대화를 나눌 수 있었다.

중학생 아이들에게는 피가 되고 살이 되는(?) 엄마의 말이 이유여하를 막론하고 '또 잔소리!'가 되기 쉽다. 그러나 엄마에게 마음의 문을 연 아이들은 다르다. 아이의 마음을 여는 비밀은 눈 맞춤이다.

사춘기 자녀를 키우는 엄마는 몸에서 사리를 만든다. 반 미치지 않고서는 사춘기 터널을 지나기가 어렵다는 말도 있다. 조금이라도 덜 미치기 위해 한 가지만 기억하자. 심리적으로 독립을 꿈꾸는 사춘기 아이들에게는 부모보다 또래 집단이 더 중요하다. 엄마와의 연결을 그토록 소망하던 아이들은 이제 또래와의 단단한 결속을 꿈꾼다. 또래 집단에 안정적으로 소속이 되어야 심리적 안전감을 얻는다. 이때는 집단에게 인정받고자 하는 욕구 때문에 자신도 모르는 사이 엄청난 대가를 치른다. 어쩔 수 없이 술을 마시고, 무모한 행동을 하고, 판단력이 서서히 마비된다. 상담실과 학교 현장에서 아이들을 만나 대화를 나누다 보면 마치 무용담을 늘어놓듯 도둑질한 이야기를 한다. 그래서 자신이 얼마나 대단한 존재인지를 뽐낸다. 무엇보다 중요한 것은 또래와 뭉쳐 있을 때 아이들의 도덕심과 책임감은 현저히 떨어진다는 사실이다. 뭐든 '함께'할 때 그 책임감은 N분의 1로 쪼개진다. 이처럼 사춘기는 활활 타오르는 불길 바로 앞에 서 있는 것 마냥 위태위태하다. 엄마는 아이들의 이런 발달적 특성을 이해는 하되, 아이가 올바른 판단을 할 수 있도록 도덕적 기준을 제시해야만 한다. 다만 이게 잔소리로 전락하지 않기 위해서는 무엇보다 아이와 정서적으로 끈끈하게 연결되어야 한다. 정서적 연결의 비결은 눈 맞춤이라는 사실을 잊지 말자!

4장

# 마음 맞춤, 엄마와 아이의 감정을 연결하다

# 아이의 감정은 언제나 0순위다

중학교 1학년 딸이 어느 날 학교에서 오자마자 잔뜩 볼멘소리로 "오늘 동아리 활동할 때 애들이 나만 따돌렸어"라고 말한다. 순간 엄마는 화가 치밀어 올라 선생님에게 전화를 걸었다. "선생님, 저 수빈이 엄만데요. 오늘 애들이 수빈이를 따돌렸다는데 혹시 아세요?" 말이 채 끝나기도 전에 옆에 있던 딸이 악을 쓰며 엄마를 노려본다. 마치 한 대 칠 기세다. "엄마는 도대체 왜 이래? 아휴, 정말 짜증 나. 엄마 정말 싫어!!!" 엄마는 어안이 벙벙하다. 이게 무슨 상황인지 감이 잘 안 잡힌다. 엄마 딴에는 금쪽같은 딸이 따돌림을 당했다는 말에 나름 문제를 해결해보겠다고 선생님에게 전화를 걸었는데, 아이가 도대체 왜 이렇게 우악스럽게 구는지 이해가 안 간다. 엄마한테 있는 성질, 없는 성질 다 부리는 딸이 버릇없이 느껴지는 순간, 엄마도 버럭 소리를 지른다. "뭘 잘했다고 엄마한테 소리를 질러? 그러니까 따돌림이나 당하지." 결국 딸은 울먹거리는 눈으로 엄마를 노려보다가 자기 방으로 들어가버리고, 엄마는 미안한 마음에 어찌할 바를 모른다. 마음과는 다르게 왜 매번 이렇게 삐걱대는지 답답하고 막막하다. 강의 중에 이와 비슷한 사례를 많이 접한다. 엄마는 나름대로 최선을 다하는데 결과는 늘 안타깝다. 무엇이 문제일까? 많은 경우 엄마의 시선은 아이의 마음이 아니라 문제에 쏠리기 쉽다. 아이의 마음 안에서 일어나는 일들에 시선을 고정시키는 것이 마음 맞춤이다.

## : 눈에 보이는 문제 해결보다 중요한 것

앞선 사례의 수빈 엄마처럼 많은 엄마들은 아이 스스로 자신의 문제를 해결할 기회를 박탈한다. 아이에게서 생각할 시간을 빼앗고 상황을 둘러볼 여유를 싹둑 잘라버린다. 문제를 단숨에 해결해야겠다는 강박에 사로잡혀 만능 해결사를 자처한다. 그러나 아이가 어떤 경험을 했는지 전혀 모르는 엄마는 자신의 방식대로 문제를 해결하려 들고, 이는 또 다른 문제의 불씨를 당긴다.

아이의 문제에 있어 주인공은 아이다. 아이 스스로 자신의 문제를 해결할 수 있도록 돕는 게 부모의 역할이다. 엄마는 아이의 문제로부터 한 발자국 물러서서 아이를 지지하고 격려해야 한다. 아이 스스로 자신의 문제에 대해 책임감을 느끼도록 하는 것은 중요하며, 이는 엄마가 아이를 신뢰하고 있음을 알려주는 지표가 된다. 아이들에게는 에너지와 자원이 풍부하다. 그들은 상당히 창의적이어서 때로는 어른이 생각지도 못한 해결책을 내기도 한다. 아이가 도움을 요청한다면 적극적으로 개입하되, 이때도 무작정 나서기보다는 먼저 아이의 의견을 묻는 게 좋다. "네가 생각하기에 이 문제를 해결하려면 어떤 방법이 있을까?" 또는 "엄마가 어떻게 도와줬으면 좋겠어?"라고 물으면서 문제 해결에 아이를 참여시켜야 한다. 만약 아이가 감정에 압도되어 있다면 감정부터 처리하도록 도와야 한다. 감정을 처리해야 자신의 상황과 경험이 제대로 이해되고 해결의 실마리가 보인다.

수년 전 〈SBS 스페셜〉 '무언가족'이라는 프로그램에 엄마와 아들이 출연했다. 아들은 유치원 때부터 왕따와 폭력을 당하다가 결국 중학교 때 학교를 그만둔 상태로 엄마와의 갈등이 깊었다. 엄마의 인터뷰를 들어보면, 엄마는 아들이 밖에서 맞거나 당하고 들어오면 속이 너무 상해서 백방으로 뛰어다니며 문제를 해결하고

자 애를 썼다. 안 해본 것 없이 다 해봤다고 말하는 엄마의 애틋함은 공감이 되고도 남았다. 그런데 뒤이은 아들의 인터뷰는 뜻밖이었다. "엄마도 어쩌면 저한테는 가해자예요"라고 말했다. 왜 그럴까? 엄마가 그토록 백방으로 뛰어다니며 문제를 해결하려고 노력했는데, 아들은 왜 엄마를 가해자라고 표현할까? 아들의 이야기를 살펴보면 '순서의 문제'였다. 왜 당하는지도 모른 채 친구들에게 시달리고 들어오는 아들의 마음은 어땠을까? 눈에 보이지는 않지만 여기저기 베이고 멍이 들었다. 그런 아들 앞에서 엄마가 가장 먼저 한 것은 아들의 손을 잡고 학교로, 가해자의 집으로, 경찰서로 뛰어다니는 일이었다. 마치 피 흘리는 아이를 끌고선 사고 현장으로 가는 것과 마찬가지다. 그렇게 백방으로 뛰어다니는 중에 아이 마음에 난 상처는 엄마의 시선에서 멀어졌다. 아이는 자신을 괴롭힌 친구들보다 상처를 몰라주는 엄마가 더 원망스럽다. 자기편이 되어주지 않는 엄마에게 배신감을 느낀다. 아물지 않은 마음속 분노는 엄마를 향해 마구 표출된다.

대부분의 엄마들은 눈에 보이는 상처에는 즉각적으로 반응하는 반면, 보이지 않는 마음의 상처에는 둔감하다. 아이가 감정적으로 불편함을 호소할 때는 마음 안에 생채기가 나 있거나 멍이 든 상태다. 마음 안에서 시뻘건 피가 흐른다. 아이는 마음이 아프다고 소리치는데, 엄마는 피 흘리는 아이의 손을 잡고 문제의 현장으로 달려가 문제를 들쑤신다.

아이가 누군가와 싸우고 풀이 죽어 들어왔다면 보이지 않는 마음의 상처부터 치유해야 한다. 몸의 근육보다 마음의 근육을 키우는 게 먼저다. 혹여 우리 아이가 누군가를 때리고 왔더라도 잘잘못을 따지기에 앞서 아이의 감정을 돌보는 게 먼저다. 감정은 언제나 0순위다. 어떤 상황에서라도 엄마는 아이의 감정에 가장 먼저 주목하고 초점을 맞춰야 한다. 화살을 쏠 때 과녁의 한가운데에 집중하는 것과 같이 엄마의 시선과 관심을 아이의 감정으로부터 떼지 말아야 한다. 감정은 아이의 마음으로 들어가는 문이다. 이 문을 열어야 마음 깊숙이 박힌 상처가 드러나고 그 상처에 적합한 치유가 가능해진다. 상처가 온전히 아물어야 문제에 바짝 다가설 용기가 생긴다.

## : 모든 감정에는 이유와 가치가 있다

문제 해결에 앞서 감정을 먼저 다뤄야 하는 이유는 우리의 뇌 구조와도 관련이 있다. 이성의 뇌인 전두엽과 감정의 뇌인 편도체는 많은 신경 다발로 연결되어 있다. 수년간의 뇌 과학 연구 결과에 따르면, 전두엽이 편도체에 끼치는 영향보다 편도체가 전두엽에 끼치는 영향이 훨씬 더 크고 빠르다. 다시 말해, 감정적으로 각성이 되면 그 즉시 생각은 막히고 곧바로 감정적 행동으로 이어진다. 종로에서 뺨 맞고 한강으로 뛰어가는 것도, 모기를 잡으려고 칼을 뽑아 드는 것도 모두 이 때문이다. 먼저 편도체를 비활성화시킴으로써 감정에 대한 통제권을 되찾아야 비로소 이성적인 사고가 가능하다. 그러기 위해서는 전두엽에서 편도체로 가는 통로를 지속적으로 키워줄 필요가 있다. 자신의 감정이 머리로 이해가 되면 모든 것이 명확해지면서 심리적 안정감을 느끼게 된다. 아이가 변연계에서 감정과 힘겨운 싸움을 하고 있을 때 엄마가 전두엽에서 아무리 이성적으로 사고하라고 말한들 소귀에 경 읽기다. 이때 엄마의 충고나 조언은 잔소리 그 이상도 이하도 아니다. 감정에 가장 먼저 주목하고 집중해야 하는 이유다.

앞선 사례 속 두 엄마는 선생님에게 전화를 걸거나 문제를 해결하려 들기 전에, 아이에게 무슨 일이 일어났는지 가장 먼저 들었어야 한다. 들으면서 아이의 감정에 집중했어야 한다. 지금 우리 아이 안에서 소용돌이치는 억울함이나 서운함 등에서 시선을 떼지 말았어야 한다. 문제 해결이나 바람직한 행동은 그다음이다.

한 엄마가 초등학교 4학년 딸과 함께 영화를 보러 갔다. 영화를 보던 중 갑자기 딸이 귓속말로 "엄마, 나 무서워"라고 속삭인다. 엄마는 아이를 힐끗 쳐다보면서 짜증스럽게 대꾸한다. "무섭긴 뭐가 무서워." 5분 뒤 아이가 다시 말한다. "나 정말 무섭다고." 이때 엄마는 약간 언성을 높이며 "초등학교 5학년이나 돼갖고 얘가 도대체 왜 이래. 저기 네 또래 애들 봐봐. 다들 잘 보잖아"라고 말한다. 그 순간 아이는 울먹이는 소리로 "내가 무섭다면 무서운 거야" 라고 소리치며 자리를 박차고 나가버린다.

아이에게는 어떤 감정이든 감정을 느낄 당연한 권리가 있다. 엄마는 아이의 권리를 침해해서는 안 된다. 이것은 엄마도 마찬가지다. 엄마는 때로 아이의 감정을 못마땅하게 여긴다. "그깟 일로 뭘 그렇게 화를 내고 난리야?", "그게 그렇게 울 일이야?", "넌 도대체 누굴 닮아서 겁이 많니?"라고 말하며 아이의 감정을 비난한다. 감정은 선택이 아니라는 사실을 종종 잊어버린다. 감정을 껐다 켰다 할 수 있는 걸로 착각한다. "무서워해야지"라고 해서 무서움이 올라온다거나, "신나야지"라고 마음먹는다고 해서 신나는 감정이 생기지 않는다. 감정은 날씨와 마찬가지로 삶의 자연스러운 일부분이다. 좋고 나쁜 감정은 없다. 모든 감정에는 그럴 만한 충분한 이유가 있다. 비가 세차게 오든, 함박눈이 퍼붓든, 우리는 날씨를 어찌해보려고 애쓰지 않는다. 조금 불편해도 받아들인다. 감정도 마찬가지다. 우리 안에 올라오는 감정을 그대로 수용하는 게 중요하다. 우리가 날씨를 비난하거나 판단하지 않는 것처럼 감정도 비난이나 판단의 대상이 될 수 없다. 감정은 그저 느껴지고 표현되면 그뿐이다.

여기서 중요한 질문 하나! 긍정적인 감정만을 느끼는 게 바람직할까? 1년 365일 햇볕이 가득한 따뜻한 날씨라면 행복할까? 우리에게는 햇볕뿐만 아니라 비도 바람도 필요한 것처럼 감정도 마찬가지다. 긍정적인 감정뿐만 아니라 부정적인 감정도 반드시 필요하다. 오히려 부정적인 감정이 긍정적인 감정보다 몇 배나 더 많다는 사실은 뜻하는 바가 크다. 인류는 진화 과정에서 불안했기 때문에 위험을 피해 생존할 수 있었다. 분노가 일었기 때문에 다른 부족들의 위협과 침입으로부터 우리 부족을 지켜낼 수 있었다. 부정적인 감정이 아니었다면, 어쩌면 여러분도, 나도 여기 없었을 수도 있다. 이처럼 우리가 느끼는 모든 감정은 나름대로 적응적 가치가 있다.

아이가 우울하다면 비가 온다고 생각하라. 화를 낸다면 천둥, 번개가 친다고 생각하라. 어쨌든 그보다는 웃으며 뛰어다니는 일이 훨씬 더 많지 않은가? 다양한 감정을 느끼고 표현할 줄 아는 아이가 건강하고 생명력이 넘친다. 그러기 위해 아이는 자신 안의 어떤 감정과도 친숙해질 필요가 있다.

## : 아이의 부정적인 감정은 도움 요청 신호다

아이의 감정에 빨간불이 켜졌다면 도움 요청 신호로 여겨야 한다. 엄마는 아이의 감정에 넘어지지 말고 감정이 주는 메시지에 귀를 기울여야 한다. 우는 아이는 위로가 필요하다는 신호며, 화를 내는 아이는 일이 제대로 되지 않는다고 말하는 중이다. 우는 아이는 달래주고, 화난 아이는 무엇이 잘못되고 있는지 함께 찾아야 한다. 감정의 끈을 잡고 찬찬히 아이의 마음을 살펴야 한다.

오래전 강의에서 만난 엄마의 사례다. 중학교 1학년 딸이 침울한 얼굴로 학원을 그만두고 싶다고 말한다. 수년 동안 아무 문제없이 학원만 잘 다니던 아이의 느닷없는 말에 엄마는 당황스럽다. 그러나 교육을 받은 엄마는 "무슨 일이야? 학원을 왜 갑자기 그만두겠다는 거야?"라며 아이를 다그치지 않았다. 일단 아이의 마음이 궁금했다. "학원에 있으면 마음이 어떤데?"라는 질문이면 충분하다. 답답하다면 수업 내용을 따라가기 어렵다는 의미일 수 있으며, 화가 난다면 학원에서 부당한 대우를 받거나 마음에 들지 않는 일이 있을 수도 있다. 우울하거나 외롭다면 친구 관계에서 어려움을 겪고 있다는 방증이다. 아이는 창피하고 위축된다고 했다. 학원에서 창피하고 위축될 일이 뭐가 있을까? 엄마와의 대화 중 아이는 자신만 빼고 학원 친구들이 모두 모 브랜드의 패딩을 입고 다닌다는 사실을 깨달았다. 당시 그 패딩은 중학생들에게는 교복이나 다름없는 옷이었다. 이렇게 아이의 마음을 확인하면 문제 해결의 방향도 달라진다. 이 아이의 경우 학원을 그만두느냐의 문제가 아니라, 패딩을 사느냐 마느냐의 문제다. 수십만 원에 달하는 패딩을 사주기 어려워 심란해 보이는 엄마의 표정을 읽고 아이는 쿨하게 말했다. "엄마, 괜찮아요. 어차피 겨울 다 지났어요." 자신의 마음을 들여다본 아이는 속이 후련해졌고, 자신을 묵직하게 눌러왔던 문제가 수면 위로 올라오는 순간 아주 시시해졌다.

# 마음 맞춤은 마음속 가시를 뽑는 일이다

지금까지 살펴본 몸 맞춤과 눈 맞춤은 마음 맞춤을 위한 주춧돌을 세우는 작업이다. 마음 맞춤, 즉 공감에 앞서 아이 존재에 관심을 기울이고 관찰을 해야 하며, 눈 맞춤을 통해 감정의 단서를 확보하는 일이 중요하다. 몸 맞춤과 눈 맞춤을 통해 아이가 평소와 다르다는 것을 포착했다면 이제 시선을 아이의 마음에 둬야 한다. 참고로 이 책에서는 마음 맞춤과 공감을 구분하지 않고 혼용해서 사용할 것이다.

## : 이유 없는 행동은 없다

아이의 행동 이면에는 그 행동의 원인이나 이유가 있다는 사실을 놓쳐서는 안 된다. 이유 없는 행동은 없다. 아이 마음속 깊이 박힌 원인이나 이유를 찾는 일이 마음 맞춤이다. 엄마가 아이의 행동에 비난을 먼저 퍼붓는다면 아이는 마음을 닫아버린다. 싱크대의 수도가 고장 나서 물이 새고 있다고 상상해보라. 물이 흘러넘쳐서 거실까지 젖었다. 이 경우 여러분이라면 무엇부터 하겠는가? 열이면 열, 모두가 어디서부터 물이 새는지 원인을 살피고 그 부분을 처리한 다음 거실 바닥의 물을 닦는다. 마찬가지로 엄마 눈에 거슬리는 아이의 행동보다는 그 행동의 원인이나 이유를 살피는 일이 먼저다. 원인이나 이유 안에는 아이의 충족되지 못한 욕구나 상처가 숨어 있다. 아이의 다친 마음을 먼저 다룬 다음, 행동에 대해 옳고 그름을 따져야 한다.

한 여고생의 사례를 들어보자. 은수는 욕을 너무 심하게 해서 엄마와 갈등을 겪고 있다. 또래에게나 사용할 법한 욕을 집에서도 거침없이 하다 보니 엄마는 물론 가족들도 비난을 서슴지 않는다. 듣기 거북할 정도의 부적절한 욕을 하는 아이를 본다면 대부분의 엄마들은 혼내거나 행동을 바로잡으려 든다. 엄마의 눈에는 아이의 행동(말)이 먼저 포착되기 때문이다. 평소와 다른 아이의 행동이 곤혹스럽다면 일단 일시 정지 버튼을 누르자. 그러고 나서 15초간 마음을 가다듬는다. 차분해지면 지금까지 배운 과정을 적용해 본다.

**몸 맞춤**

요 며칠 동안 아이가 거친 욕을 한다. 행동도 거칠어진 면이 있다. 친구들과 연락이 뜸해졌다. 집에 머무는 시간이 많아졌다.

**눈 맞춤**

화가 난 듯 뭔가 불만이 가득해 보인다. 한편으로는 외롭고 쓸쓸해 보이기도 한다.

**마음 맞춤**

친구들 간에 문제가 있어 보인다. 욕을 하는 이면에 뭔가 이유가 있는 듯하다. 아이의 이야기를 들어볼 때다.

몸 맞춤과 눈 맞춤을 통해 평소답지 않은 아이의 행동을 포착했다면, 이제 아이의 마음으로 들어갈 차례다.

"요 며칠 동안 거친 욕을 하는 걸 들을 때마다 너무 당혹스럽고 염려가 돼. 요즘 친구들하고 연락도 뜸한 것 같은데, 혹시 친구들하고 무슨 문제라도 있니?"

이렇게 아이의 마음속을 살피는 일이 마음 맞춤이다. 마음 맞춤은 아이의 마음이나 감정을 출발점으로 삼는다. 엄마는 욕하는 아이의 행동이 아니라, 욕을 할 수밖에 없는 아이의 마음에 초점을 맞춰야 한다. 앞서 2장에서도 설명했지만, 감정은 한 사람의 욕구와 가치, 바람을 반영한다. 아이의 행동이 암호화된 메시지라고 생각하자. 암호를 풀기 위해서 아이의 행동을 "~한 기분이야"와 "~가 필요해"로 해석해본다.

그렇다면 은수의 암호는 무엇일까? 은수의 경우 친하게 지내던 친구들로부터 어느 날 날벼락처럼 왕따가 시작되었다. 사춘기 때는 또래 관계가 아주 중요하다. 또래 집단에 속하느냐 마느냐가 정체감 형성에 주된 영향을 미친다. 이때 또래로부터 배척당하는 일은 하늘이 무너지는 것과 같다. 고통을 견디기 어려웠던 은수는 친구들이 자신에게 함부로 못 할 만큼 강해지고 싶었다. 은수의 무의식은 주변의 강해 보이는 친구들을 모방하도록 부추겼다. 그게 바로 거친 욕이었다. 욕은 언어적 완력을 시험해보는 방법으로, 아이들은 자신의 힘을 과시하기 위해 욕을 한다. 은수의 욕은 "두려워요"와 "또래와 연결이 필요해요"로 해석이 가능하다. 물론 아이의 두려움을 돌보는 게 먼저다. 이렇듯 욕이라는 아이의 행동 이면에는 상처받은 마음과 견디고자 하는 처절한 몸부림이 있다.

## : 마음 맞춤의 시작점, 기초적인 공감 기법

사실 보이지도 만져지지도 않는 마음을 다루기란 쉽지 않다. 마치 의사가 수술을 하는 것에 견줄 수 있다. 몸에 난 가벼운 상처는 간단한 처방으로도 치유가 가능하다. 하지만 몸속 깊숙이 난 상처를 다루는 일은 고도의 정밀함과 정교함이 요구되며 많은 주의와 노력이 필요하다. 사람의 몸을 다루는 의사는 수년의 공부와 철저한 검증을 거쳐야 비로소 의사로서의 자격을 취득한다. 수술은 의사의 집중력이 흐려지거나 초점이 조금만 잘못 맞춰져도 생명에 지장이 갈 수 있는 위험한 일이다. 하물며 사람의 마음은 어떨까? 마음에 난 상처를 치유하는 일도 수술과 다름없다. 그렇다면 엄마도 의사처럼 자격증이 필요할까? 단언컨대, 아이를 사랑하는 엄마라면 자격은 차고도 넘친다.

마음 맞춤이 수술과 같아야 하는 점은 마음 자세다. 마음 맞춤은 마음속 가시를 뽑는 일이다. 의사가 환자의 환부에 초 집중해야 하는 것처럼 엄마는 아이의 다친 마음에서 한 치도 벗어나서는 안 된다. 무엇보다 공감하는 그 순간만큼은 아이의 존재에 온전히 집중하고 아이 마음속 상처에서 눈을 떼지 말아야 한다. 상처 부위를 정확히 알고 온 마음을 다해서 들어줘야 한다. 아이가 아프다고 소리치면 아픈 것이다. 괴롭다고 몸부림치면 괴로운 것이다.

엄마는 아이의 어떠한 감정에도 두려움을 갖지 않고 담담히 직면하여 견뎌야 한다. 아이가 자신의 감정을 충분히 느끼고 표현할 수 있도록 아이에게만큼은 '정서적 안전망'이 되어야 한다.

제때 적절히 치유하지 못해 방치된 상처는 곪아서 결국 더 큰 문제를 일으킨다. 들어만 줘도 될 일이 어찌해볼 수 없는 지경까지 이르러 전문의를 찾는 경우가 비일비재하다. 호미로도 막을 수 있는 일을 가래로도 막지 못하는 경우가 발생한다. 아이는 자신을 둘러싼 바깥세상은 물론 자신의 내면에서 일어나는 일들에 대해서 상당히 혼란스러워 갈피를 못 잡고 방황하기 쉽다. 이럴 때 자신에게 올바른 길을 안내해줄 길잡이가 필요하다. 자신이 가고자 하는 길이 어느 쪽인지, 무엇을 하고 싶은지에 대한 궁극적인 답을 아이 스스로 찾도록 돕고 안내할 사람이 필요하다. 이때 엄마가 자신의 마음을 훤히 비춰주면 아이는 자신의 상황을 제대로 파악하고 이해하게 된다. 마음 맞춤과 수술의 차이가 있다면, 수술과 달리 마음 맞춤은 초고도의 정교한 기술이 필요하지 않다는 점이다. 공감과 관련한 가장 기초적인 기술만 제대로 이해하고 숙지하면 된다.

부모 교육 전문가로 10년 넘게 활동하면서 깨달은 바는, 누군가 대신 잡아서 잘 다듬은 생선을 먹을 게 아니라, 엄마 스스로 낚시하는 법을 배워야 한다는 사실이다. 양육 지침서나 부모 교육에 소개된 상황별 대화 방법을 아무리 외우고 익혀도 우리 아이에게는 소용이 없다. 첫째에게는 잘 먹히는 말이 둘째에게는 먹히지 않아 당황할 때도 많다. 그렇다면 이제는 방법을 바꿔야 한다. 잘 다듬어진 말을 외워서 사용할 게 아니라 적재적소에서 말을 만들어낼 줄 알아야 한다.

가장 기초적인 공감 기술을 아는 것부터 시작해야 한다. 지금부터 설명하는 공감적 기술 4단계는 가장 기초적인 이야기다. 기초적인 공감 기법만 제대로 숙지해도 문제의 절반 이상은 풀 수 있다. 읽다 보면 '에이 뭐야. 이미 다 알고 있는 거잖아'라고 생각할 수도 있다. 그러나 가장 기본적이고 기초적인 공감 기술을 제대로 이해한다면 어느 상황에나 적용이 가능하다. 이제부터 설명하는 공감 기법이 아이와의 공감에서 나침반 같은 역할을 하리라 믿어 의심치 않는다.

## : 마음 맞춤을 하지 말아야 할 때

참고로 마음 맞춤은 매번 할 수 있는 게 아니다. 마음 맞춤을 하지 말아야 할 때가 있다.

첫째, 엄마의 정서가 안정적이지 않을 때다. 즉, 엄마가 화가 나거나 불안할 때는 공감을 할 수가 없다. 따라서 공감에 앞서 엄마의 정서 상태를 점검하는 일이 우선되어야 한다.

둘째, 엄마의 몸 상태가 정상적이지 않을 때도 공감은 힘들다. 예를 들어 피곤하거나 몸이 아프면 공감적 경청이 어렵다. 이때는 아이 말을 온전히 집중해서 듣는 게 거의 불가능하므로 다음을 기약해야 한다. 만일 아이가 감정적 문제를 안고 엄마 앞에 왔지만 엄마의 마음 상태나 몸 상태가 좋지 않다면, 아이가 실망하지 않도록 조심스럽고 부드럽게 양해를 구해야 한다.

"엄마가 지금 몸살 기운이 심해서 우리 도은이 이야기를 제대로 잘 듣기가 힘들 것 같아. 약 먹고 2시간만 쉬었다가 이야기하면 어떨까?"

이렇게 이야기했음에도 불구하고 아이가 실망해서 짜증을 낸다면 어쩔 수 없다. 그냥 내버려둬야 한다. 엄마도 사람이다. 안 되는 건 안 되는 거다. 공감은 매번 가능하지 않다. 공감에는 생각보다 많은 에너지와 노력이 필요하다. 따라서 할 수 있을 때 제대로 하는 게 효과적이다. 할 수 없다고 판단이 서면 과감히 포기하라. 여기서 '포기'는 비난이나 잔소리를 퍼붓는 게 아니다. 아무 말도 하지 않고 아이의 감정을 견디거나 상황으로부터 한발 물러남을 의미한다.

셋째, 다른 사람들이 지켜볼 때다. 예를 들어 놀이터에서 친구와 다투는 상황이라면 우리 아이를 공감하기 어렵다. 그곳은 아이 친구들뿐만 아니라 아이 친구의 엄마들까지 함께 있는 자리다. 이때는 우리 아이에게 온전히 집중하는 게 불가능하다. 따라서 아이가 선택하도록 하는 게 바람직하다.

"여기서는 엄마가 우리 준서 이야기를 듣기가 곤란할 것 같은데, 지금 바로 집에 가서 이야기할까? 아니면 친구들하고 마저 놀고 나서 나중에 이야기할까? 준서는 어떻게 하고 싶어?"

마지막으로 마음 맞춤을 하지 말아야 할 때는 아이가 원하지 않을 때다. 아이가 말하고 싶어 하지 않는다면 그 마음도 수용해야 한다. 자신의 감정을 털어놓을지 말지는 전적으로 아이의 몫이다. 특히 사춘기 아이들의 경우는 더 그렇다. 엄마는 아이에게 "아무일 없니?" 혹은 "엄마가 뭐 도와줄 일은 없을까?" 정도로 관심을 보여준 다음에 기다려야 한다. 때로는 짧은 무관심이 집요한 참견보다 나을 때도 있다.

# 마음 맞춤 전략

## 공감적 신체 반응 → 따라 말하기 → 질문하기 → 감정 수용하기

### : 1단계 공감적 신체 반응_ 눈 맞춤으로 공감의 첫 단추를 끼워라

"선생님, 저는 아이들에게 심한 말 절대 안 해요. 잔소리도 거의 안 하거든요. 근데 애들은 왜 짜증을 내고 삐딱하게 구는 걸까요?"

집단 상담에서 만난 엄마의 말이다. 이럴 때는 실제 아이에게 어떻게 표현하는지를 정확히 알기 위해서 짧게 역할극Role Play을 해 본다. 내가 아이가 된다.

"어머니, 저를 자녀라고 생각하며 평소처럼 자연스럽게 말을 해보시겠어요?"

우리 아이가 내 앞에 있다고 생각하면서 이야기를 하는 순간, 엄마의 미간이 찌푸려지고 입술에 힘이 들어간다. 그보다 눈을 제대로 맞추지 않는다. 말은 최대한 걸러서 하고 있지만, 엄마의 표정은 걸러지지 않는다. 마치 바람이 그물에 걸러지지 않는 것처럼 엄마의 진심은 아이에게 날 것 그대로 스며든다. 1장에서 이미 밝혔지만, 아이는 말이 아니라 표정이나 몸짓에서 이미 엄마의 진심을 간파한다. 아이의 마음속으로 들어가기 위해서는 공감적 신체 반응을 통해 아이 마음의 문을 두드려야 한다.

실제 강의에서 만난 고등학생 자녀를 둔 엄마의 사례다. 어느 날 소파에 앉아서 휴대폰을 하고 있는데 고등학교 2학년 아들이 들어왔다. 그런데 평소와 달리 힘없이 기어들어가는 목소리로 "엄마" 하고 부른다. 직감적으로 무슨 일이 있다는 생각이 들어서 아이를 바라봤다. 아들은 어깨가 축 처진 상태로 얼굴빛도 상당히 어두웠다. 그 순간 엄마는 하고 있던 휴대폰의 전원을 껐다. 휴대폰을 옆에 내려놓고 아이 쪽을 향해 앉아 눈을 바라보며 "무슨 일이 있구나"라고 부드럽게 물었다. 그 순간 아이의 표정이 미세하게 달라지며 생기가 올라오는 게 보였다. 휴대폰 전원을 끄고 눈맞춤만 했을 뿐인데, 무엇이 아들의 마음을 건드린 것일까? '엄마는 내 얘기가 정말 궁금하구나', 더 나아가 '엄마에게 나는 정말 소중하고 귀한 존재구나'라는 생각이다. 이처럼 눈 맞춤과 더불어 공감적 신체 반응은 공감의 첫 단추를 끼우는 것과 같다. 첫 단추를 잘못 끼우면 옷의 형태가 뒤틀리듯이 이 단계는 아주 중요하다. 시작이 반이다.

이 단계에서는 아이의 이야기를 잘 들을 준비가 되어 있음을 온몸으로 표현한다. 먼저 아이와 어깨를 나란히 마주 본다. 이때 거리는 아이의 기질에 따라서 조절할 필요가 있다. 친밀감을 표현하기를 좋아하는 아이는 좀 더 밀착해서 앉는 게 좋다. 하지만 거리가 너무 가까울 경우 경계선 설정에 어려움을 겪는 아이도 있다. 이런 아이는 거리를 약간 띄워줄 때 정서적으로 편안함을 느낀다. 두 경우 모두 마주 앉은 상태에서 눈을 바라볼 때 불편함이 없는 거리여야 한다. 자, 이제 마주 앉았다면 눈 맞춤은 필수적이다. 눈 맞춤만큼 사랑을 확실하게 전달하는 신체 언어는 없다. 누군가의 부드러운 시선 속에서 내 존재는 더없이 귀하고 소중해진다. 온몸으로 따뜻한 온기가 퍼져나가는 걸 경험한다. 물론 이때는 부드럽고 사랑스러운 눈 맞춤이다. 눈을 맞추고 고개를 끄덕이면서 추임새를 넣어주는 것이 1단계의 핵심이다.

"아, 그래?"

"그렇구나."

"저런~"

1단계에서 전달하는 메시지는 '엄마는 너의 이야기를 듣고 있어. 무슨 말이든 해도 괜찮아. 너는 안전해'다.

2년 전 강의에서 만난 엄마 이야기다. 학교에서 담임 선생님으로부터 전화가 왔다. 아이가 친구를 밀쳐서 크게 다칠 뻔했단다. 친구가 넘어지면서 책상 모서리에 부딪치는 바람에 큰일이 날 수도 있는 상황이었다. 다행히도 별문제 없이 마무리가 되었으나 엄마도 알고 있어야 할 것 같아 전화한 것이었다. 듣기만 해도 가슴이 벌렁거리며 아찔해졌다. 엄마는 나에게 전화를 걸어 어떻게 해야 하냐며 울먹거렸다. 거듭 말하지만, 이때는 엄마의 마음부터 돌보는 게 먼저다. 일단 아파트 단지를 걸으면서 마음을 진정시키라고 당부한 다음, 아이 마음이 어떨지를 생각하라고 일렀다. 분명히 아이의 행동 이면에는 이유가 있음을 다시 한번 상기시켰다.

학교에서 돌아온 아이는 어깨가 땅에 닿을 듯 처져 있었다. 얼굴에서는 생기라곤 한 점 찾을 수가 없었다. 엄마 눈을 제대로 보지도 못하고 꽉 다문 입술은 미세하게 떨렸다. 아이의 눈에는 두려움이 그렁그렁 맺혀 있었다. "선생님한테 전화 받았어. 아들, 괜찮아? 많이 놀랐지?"라는 엄마의 말에 아이는 현관 바닥에 털썩 주저앉아서 엉엉 소리 내어 울었다. "일부러 그런 게 아닌데……." 아이의 말이었다. 엄마는 아이를 안아주면서 토닥였다. 때로는 눈 맞춤만으로도 이미 공감의 절반이 이뤄진다. 물론 아이의 행동이 잘했다는 건 아니다. 앞서도 말했지만, 감정이 먼저다. 가장 먼저 아이의 놀란 마음을 어루만지고 아이의 말에 귀 기울이는 게 중요하다. 그 출발은 따뜻하고 부드러운 눈 맞춤이 되어야 한다. 기억하라. 아이의 말을 처음부터 끝까지 들어줄 사람은 엄마밖에 없다는 사실을. 잘잘못을 가리는 일은 감정이 처리된 다음이라야 한다.

눈 맞춤을 통해 엄마는 아이의 필요와 요구를 살필 수 있다. 눈을 통해서 지금 아이의 마음이 어떤지, 아이가 무엇을 원하는지 읽는다. 엄마가 편안한 정서 상태라야 아이의 마음을 찬찬히 요모조모 살피고 관찰할 수 있다. 앞서 3장에서도 밝힌 바 있지만, 눈 맞춤은 서로의 감정을 읽는 과정이다. 아이의 감정을 읽을 뿐만 아니라 엄마의 감정도 그대로 드러내는 일이다. 따라서 눈 맞춤 전 반드시 엄마의 정서 상태를 확인하는 과정이 중요하다. 소개팅 장소에 들어가기 전에 거울을 보며 옷매무새를 다듬고 표정을 관리하는 것과 같다. 아이의 눈을 바라보기 전에 15초 정도 숨을 고르는 시간을 가져라. 숨을 고르면서 천천히 자신의 마음을 들여다보고 몸의 감각을 느낀다.

'나는 지금 어떤 상태인가?'

'나는 지금 어떤 기분이 드는가?'

혹 불편하거나 불안정한 상태라면 좀 더 길게 호흡하면서 편안히 가다듬어본다. 들숨과 날숨을 천천히 쉬되, 들숨보다는 날숨을 좀 더 길게 내쉬도록 한다. 호흡할 때는 숨이 심장을 가득 채운다고 생각하라. 손을 심장 부위에 대고 하는 것도 좋다. 호흡이 더 빨리 안정을 되찾기 위해서는 감사한 사람이나 일을 떠올리면 도움이 된다. 살아오면서 가장 행복했던 기억 속 한 장면을 떠올려 보라. 언제 어디서 누구와 함께 있었는가? 그때 코끝을 스치는 냄새나 살갗에 닿는 촉감이 있었는가? 마치 지금 바로 그 장면 속에 있는 것처럼 최대한 구체적이고 생생하게 떠올려라. 미국 하트매스 연구소에 의하면 '감사'라는 감정은 우리의 태도와 지각을 빠르게 전환시킬 수 있다고 한다. 감사한 일을 떠올리면서 심장을 중심으로 호흡을 유지할 경우, 우리의 자율 신경계는 균형을 찾게 된다. 즉, 교감 신경계(심장 박동수를 높이고 혈관을 좁히며 스트레스 호르몬을 방출함)는 억제되고, 부교감 신경계(심장 박동을 느리게 하고, 몸의 내부 시스템을 이완시킴)가 활성이 된다. 그래서 정서적으로 편안한 중립 상태를 만들 수 있다.

눈 속에는 말로 전하지 못하는 많은 것들이 담겨 있다. 아이의 눈 속에는 아이의 마음이 찰랑인다. 그 속에는 형형색색의 감정이 고여 있다. 단 몇 초만이라도 가만히 아이의 눈을 들여다보자. 그저 아무 말 없이 아이의 눈동자 속에 비친 자신의 모습을 보자. 공감은 눈을 바라보는 것에서부터 시작된다.

## : 2단계 따라 말하기_ 아이의 말을 한 톨도 빠뜨리지 말고 돌려줘라

엄마에게는 아이의 말이 떨어지기가 무섭게 조언이나 충고 혹은 비판을 하고자 하는 충동이 있다. 이 경우 아이의 마음속으로 들어가는 문은 닫히고 엄마는 문밖에서 서성일 수밖에 없다. 충고, 조언, 비판을 멈추는 방법이 바로 2단계다.

이 단계에서는 아이가 처음 이야기를 꺼내면 그 말을 고스란히 되돌려준다. 엄마는 "학교에서 선생님한테 꾸중을 들었어요"라는 아이의 말에 "뭐라고? 뭐 때문에?"라고 반사적으로 반응하기 쉽다. 이때 아이는 멈칫 뒤로 물러선다. 그 대신 15초 정도 틈을 주고 "학교에서 선생님한테 꾸중을 들었구나"라고 마치 녹음해서 들려주는 것처럼 그대로 따라서 말한다. 주의할 점은 "학교에서 선생님한테 꾸중을 들었다고?"라고 질문 형태로 하지 않는다. 아이의 말을 들은 그대로, 가급적 한마디도 빠뜨리지 않고 되돌려준다고 생각하라.

실제로 강의 시간에 이 부분을 함께 연습해볼 때가 있다. 강사가 먼저 말하면 수강생들이 강사의 말을 그대로 듣고 바꿔서 말하는 연습이다. "요즘 살이 너무 쪄서 진짜 고민이에요"라고 말하는 순간, 수십 개의 눈이 일제히 내 몸을 머리끝부터 발끝까지 스캔하는 게 느껴진다. 그러고 나서 뒤이어 쏟아지는 말들이다.

"어머, 별로 찌지도 않았는데 무슨……."

"제가 잘 아는 다이어트 식품이 있는데 소개해드릴까요?"

"그래서 운동은 하고 계신가요?"

장소와 시간과 대상만 바뀔 뿐 대사는 늘 그대로다. 살이 쪄서 심란한 강사의 마음은 관심의 대상이 아니다. 그저 몸을 훑으면서 평가하고 판단하거나 조언하고자 하는 마음이 앞선다.

엄마들은 참 많은 말들을 담고 살아간다. 조금만 주의를 게을리해도 어느새 말이 줄줄 샌다. 해줄 말이 많다 보니 아이의 이야기를 얌전히 듣고만 있기가 힘들다. 마치 방아쇠를 힘껏 당기고 있는 손가락 같다. 아이의 말이 끝나기 무섭게 기다렸다는 듯이 엄마의 말을 쏟아내기 바쁘다. 답은 엄마 안에 있기 때문이다. 부모로서 아이에게 해줄 말이 많다. 인생을 훨씬 더 살았기 때문이다. 인생을 덜 살아온 아이들은 고문처럼 여기면서, 엄마의 말이 시작되기가 무섭게 혼수상태로 들어간다. 쏟아지는 말에 깔려 죽지 않으려면 방법이 없다.

공감은 말하는 시간이 아니라 들어주는 시간이다. 아이가 원하는 건 마음을 알아달라는 것이다. 화살에 맞은 사슴마냥 상처 입은 아이가 내 앞에 있다. 어디가 어떻게 얼마나 아픈지를 자세히 물어야 하고 집중해서 들어야 한다. 상처를 정확히 알아야 치유가 가능하다. 집중해서 아이의 말을 그대로 따라가보라. 공감을 위한 조율은 여기서부터 시작된다. 엄마가 반영해주면 아이는 정말 잘 들어준다는 확신이 생겨 더 깊은 이야기를 털어놓고 싶어진다. 따라 말하기의 효과는 다음과 같다.

첫째, 대화의 주체를 바꾸거나 화자의 마음에서 초점을 벗어나지 않도록 돕는다. 간혹 대화를 하다 보면 어느새 나의 이야기가 아니라 상대방의 이야기로 화제가 전환되는 경우가 많다. 예를 들어 "우리 남편이 쉰이 넘더니 고혈압이 높아져서 걱정이에요"라고 말하는 사람에게 대뜸 "어머 그건 약과예요. 우리 남편은 당뇨까지 있어요"라고 말하는 것과 같다. 남편의 고혈압 때문에 심각하게 고민하는 화자의 마음에 초점을 맞추는 대신, 순식간에 화제를 자기 것으로 낚아챈다. 즉, 대화의 주체가 바뀐다. "고혈압에는 율무나 계피가 좋다는데 한번 드시게 해보세요"는 어떤가? 역시 화자의 걱정스러운 마음에 머무는 대신, 바로 문제 해결을 던진다. 둘 다 화자의 마음에서 초점이 벗어나 있다. 비단 엄마뿐만 아니라 많은 사람들이 대화 중 이런 실수를 많이 한다. 해주고 싶은 말이 많아서 상대방의 마음은 뒷전이 되어버린다. 상대방을 위한 배려라고 생각하지만, 마음이 아프거나 걱정되는 화자의 입장에서는 그저 공염불에 지나지 않는다. 이때 대화의 주체가 바뀌지 않고 화자의 마음에서 초점이 벗어나지 않으려면, 들은 그대로를 되돌려주는 것으로 시작하는 게 가장 효과적이다. "남편분이 쉰이 넘더니 고혈압이 생겨서 걱정이 많으시군요"라고 말하면 된다.

아이와의 대화도 마찬가지다. 예를 들어 아이가 "오늘 쉬는 시간에 애들이 나만 빼고 공기놀이를 했어요"라고 말한다. 이때 "엄마 피곤해. 얼른 씻고 들어가"라고 말한다면 어떤가? 아이의 마음이 아니라 엄마의 피곤함으로 화제를 전환시켜버린다. 대화의 주체가 아이에서 엄마로 바뀌어버린다. 또는 "쉬는 시간에는 예습하라고 했잖니? 공기가 무슨 대수라고……"라고 말한다면 어떤가? 충고나 조언으로 보이지만 비난이 섞여 있다. 이런 엄마의 말에 아이는 낙담한다. 두 경우 모두 아이의 마음 안에서 꿈틀거리는 속상함과 소외감은 엄마의 관심 밖으로 밀려난다. 이때 아이의 마음에서 초점이 벗어나지 않으려면 엄마는 아이의 말을 그대로 되돌려줘야 한다.

"오늘 애들이 쉬는 시간에 너만 빼고 공기놀이를 했구나."

아이의 말을 그대로 따라 말하게 되면 엄마는 충고나 조언 또는 비판을 멈출 수 있다. 이처럼 엄마가 자신의 말을 그대로 반영해주면 아이는 속 깊은 이야기를 털어놓고 싶어진다.

둘째, 아이의 이야기를 단 한마디도 놓치지 않겠다는 마음가짐을 갖게 한다. 이 단계에서는 들은 그대로 한 톨도 빠뜨리지 않고 되돌려주는 게 핵심이다. 즉, 남편의 고혈압이 걱정인 사람에게 "그러시구나"나 "걱정이 많으시군요"라고 하지 않는다. "남편분이 쉰이 넘더니 고혈압이 높아져서 걱정이 많으시군요"라고 말해야 한다. 제대로 잘 듣지 않으면 절대 따라 말하기가 가능하지 않다. 그냥 듣는 것과 그대로 되돌려 말해줄 준비를 하고 듣는 것은 태도 자체가 다르다. 아이가 하는 말을 단 하나도 놓치지 않겠다는 의지를 다지는 과정이 바로 2단계다.

셋째, 아이로 하여금 자신이 무슨 말을 하고 있는지 객관적으로 살펴보도록 한다. 아이는 어른과 달리 주의력이 낮다 보니 이야기 도중 길을 잃는 경우가 많다. 이럴 때 엄마가 아이의 말을 그대로 반영해주면 자신의 이야기를 객관적으로 바라보며 생각을 정돈할 수 있다.

따라 말하기에서 주의할 점이 있다. 처음 시작할 때 한두 번까지만이다. 영혼을 싣지 않은 채 앵무새처럼 계속 따라 말하다 보면 장난처럼 들린다. 처음 한두 번 정도까지는 아이의 말을 사심 없이, 아무런 관여도 하지 않고 따라가보라. 이후 아이의 말이 정말 중요하다는 생각이 들면 그때 아이의 말을 요약해줌으로써 제대로 듣고 있는지를 확인받는다. 이때는 '한 톨도 빠뜨리지 않고'가 아니라 '요점을 정리해서' 바꿔 말해준다. 참고로 아이가 욕을 하거나 비속어를 쓰는 경우 그대로 따라 말하지 않는다. 좀 더 정제된 표현으로 바꿔주는 게 좋다.

"민수 그 새끼 때문에 개빡쳐서 죽을 거 같아!" (아이의 말)

"민수 때문에 화가 굉장히 많이 났구나." (엄마의 따라 말하기)

## : 3단계 질문하기_ 아이의 생각을 깨우는 질문을 하라

많은 엄마들은 공감이 어렵다고 하소연한다. 대화 도중 길을 잃고 방황한다. 마치 끝이 보이지 않는 터널을 지나는 기분이라고 표현한다. 아이의 이야기를 그저 들어만 주다 보면 인내심에 한계를 느끼고 급기야는 감정적으로 폭발한다. 처음은 정말 좋은 의도로 시작했지만, 어느 순간 아이 앞에서 얼굴을 붉히며 화를 내는 자신을 발견하고 자괴감에 빠진다. 엄마는 아이의 상처 난 마음에서 초점을 잃어서는 안 된다. 그렇다면 상처에만 오롯이 집중하려면 어떻게 해야 할까? 질문에 그 해답이 있다. 적절한 질문은 등대와 같아서 아이와의 대화에서 길을 잃지 않도록 한다.

### 질문은 등대와 같다

학원에서 돌아온 아이가 바닥에 털썩 주저앉아 울먹거리며 학원 가기 싫다고 말한다. 학원에서 배우는 게 너무 어려워서 따라가기 힘들다고 말한다. 그러다 가장 친한 친구 한 명이 다른 학원으로 옮겨서 학원만 가면 혼자 외톨이가 된 기분이라고 한다. 급기야 선생님으로 화제가 넘어가서 선생님이 자기만 안 예뻐하는 것 같다고 말한다. 한참을 듣다 보니 학원이 집에서 멀어 오가기가 힘들다는 말도 보탠다. 엄마는 머리가 아프고 짜증이 나서 아이에게 소리친다. "그래서 학원을 그만두고 싶다는 거야, 뭐야!" 아이는 자신에게 일어나는 일들을 세련되지 못하게 풀어헤쳐놓았지만, 이 속에는 엄마가 돌봐야 할 아이의 감정적 상처가 숨어 있다. 이럴 때는 아이에게 가장 중요한 것이 무엇인지 물어야 한다.

"엄마가 듣기에는 요즘 네가 학원에서 여러 가지 힘든 일을 겪는 것 같은데, 그중에서 가장 힘든 일이 뭐야? 오늘은 그 문제에 대해서만 이야기해보는 게 어떨까?"

아이가 두서없이 이야기를 늘어놓는 이유는 길을 잃었기 때문이다. 수풀이 무성한 덤불 속에서 길을 잃듯이 이야기 속에서 초점을 놓친다. 이야기의 핵심으로 들어가기 위해서는 뒤엉켜 있는 덤불들을 헤치고 길을 찾아야 한다. 지금 아이에게 무엇이 가장 중요한 일인지, 무엇부터 먼저 해결해야 하는지를 알아야 한다. 이야기의 핵심으로 들어갈 수 있도록 하는 게 바로 '질문'이다. 이야기를 하는 도중에라도 아이의 이야기가 두서가 없다고 느껴지면 질문을 던져야 한다.

옆에 누군가 있다면 지금부터 소개하는 게임을 한번 해보라. 두 사람이 마주 앉아서 질문을 한다. 단, 대답할 수는 없다. 서로 주거니 받거니 상관없는 질문 공세를 계속 이어간다. 이때 질문에 답을 하는 사람이 진다. 이 게임을 하다 보면 질문에 답을 하고자 하는 충동을 물리치기가 쉽지 않다는 사실을 깨닫는다. "오늘 아침에 뭐 드셨어요?"라는 질문을 받는 동시에 우리의 머릿속에는 아침에 먹은 토스트와 우유가 떠오른다. 또는 뒤이어 상대방의 질문과 같은 맥락의 질문을 반복하는 자신을 발견하기 쉽다. "아이가 몇 명이에요?"라는 질문을 받으면 잠시 멈칫하다가 "아이가 딸인가요, 아들인가요?"라는 질문을 던지는 식이다.

이것이 질문의 힘이다. 질문은 질문받은 사람의 뇌를 자극해 생각하도록 만든다. 질문을 받는 동시에 뇌는 질문과 관련한 답을 찾는 데 분주해진다. 이처럼 사람의 의식은 질문에 따라 집중하고 움직인다. 부모가 어떤 질문을 하느냐에 따라서 아이에게 긍정적인 힘을 불어넣어주기도 하지만, 때로는 부정의 구렁텅이로 밀어 넣기도 한다. 학교에서 돌아온 아이에게 "오늘은 별일 없었어?"라는 질문은 어떤가? (실제로 아이들에게 물어보면 이 질문을 가장 싫어한다) 이 질문은 아이로 하여금 '별일'을 찾게 한다. 하루 중 실수했거나 당황했던 일들을 떠올리기가 쉽다. 그러나 부모가 질문을 바꾼다면? "오늘은 학교에서 뭐가 제일 재미있었어?"라는 질문은 아이로 하여금 하루 중 가장 재미있고 흥미로웠던 경험을 떠올리게 한다. 학교생활이나 자신에 대한 긍정성을 키울 수 있다. 학습과 관련해서 생각해보자. 아이에게 "왜 이렇게 쉬운 문제도 못 푸는 거니?"라고 묻는다면, 그 순간 아이의 뇌는 문제를 틀린 이유를 찾느라 분주해지고 결국 자책으로 끝난다. 그렇다면 이럴 때는 어떤 질문이 효과적일까? "이 문제를 풀려면 어떻게 하면 좋을까?"라는 질문이라면 아이의 뇌는 그 즉시 문제를 풀 수 있는 방법들을 찾아낸다.

아이가 문제 상황에 빠졌을 때도 마찬가지다. 자신의 경험이나 상황을 제대로 이해하고 재구성하는 데도 질문은 중요한 역할을 한다. "다른 친구들은 너와 같은 상황에서 어떤 반응을 보였니?"라는 질문은 다른 사람의 관점을 돌아보게 만든다. "이전에도 이와 비슷한 일이 있었니? 그때는 어떤 방법이 효과적이었지?"라는 질문은 상황 대처 능력을 살필 수 있게 한다. 이처럼 질문은 아이 안의 잠재력을 깨우는 동시에 스스로 무엇을 해야 할지 귀띔해준다.

때때로 아이가 문제 행동의 원인을 완벽하게 인식하지 못한다고 하더라도 관점을 바꾸면 상황을 변화시키는 게 가능하다. 이때 역시 질문이 효과적이다. 즉, 상황이 달라지면 기분이 어떨지를 물어봄으로써 아이의 관점을 전환시킨다. 아이가 친한 친구와 다투고 난 뒤 상심이 크다.

"친구와 관계를 회복한다면 기분이 어떨 것 같니?"

"친구와 관계를 회복하기 위해 네가 해볼 만한 게 뭐가 있을까?"

아이와 더 단단히 연결되기 위해 아이의 영역으로 좀 더 깊숙이 들어가는 게 마음 맞춤이라면, 질문은 길을 찾아가는 안내 지도다. 엄마 손에 안내 지도가 있다면 지체하지 말고 화살표를 따라 걸음을 떼라. 질문 하나하나는 화살표와 다름없다.

## 호기심이 질문을 만든다

질문에 관해 강의를 하다 보면 어떤 질문이 좋은지 알려달라는 요청이 많다. 정말 궁금한가? 그렇다면 호기심을 갖고 아이의 마음속을 찬찬히 들여다봐야 한다. 질문은 궁금해야 나온다. 지금 우리 아이에게 무슨 일이 일어나고 있는지 궁금해하라. 우리 아이에게 가장 필요한 것이 무엇인지, 엄마가 어떤 도움을 줄 수 있는지 궁금해하라. 궁금함에 그 뿌리를 두지 않는 질문은 앙꼬 없는 찐빵처럼 공허할 뿐이다.

참고로 '왜'를 뺀 나머지 육하원칙이 도움이 된다. 엄마들의 '왜'는 호기심에서 하는 질문이라기보다는 추궁하거나 비난하는 것에 가깝다. 또한 '왜'는 마음에 머물기보다는 이성적인 사고를 자극하는 질문이기 때문에 되도록 공감에서는 피하는 게 좋다. '왜'보다는 다음의 질문들을 활용해보라.

- 누구와 그랬어?
- 언제부터 그런 일이 있었던 거야?
- 어디서 주로 그랬던 거니?
- 그래서 너는 어떻게 하고 싶어?

- 그때는 무슨 생각이 들었어?
- 어떤 방법이 있을까?
- 누가 너에게 도움을 줄 수 있을 것 같아?
- 이 문제를 해결하려면 네 안의 어떤 강점을 활용하면 좋을까?

### 엄마 질문 3종 세트

아이가 친구를 때리거나 욕을 하는 등 잘못된 행동을 하면 아이의 잘못을 탓하기 쉽다. 그러나 이때가 바로 아이와 더 끈끈해질 절호의 기회다. 아이의 잘못을 탓하기에 앞서 '우리'에게 문제가 있다고 생각해야 한다. '얘는 도대체 누굴 닮아서 이렇게 속을 썩이는 거야'가 아니라 '우리 아이를 위해서 내가 할 수 있는 게 뭘까?'로 생각의 방향을 틀어야 한다. 아이의 잘못된 행동을 엄마와 아이가 '함께' 해결해나가야 할 공동의 문제로 받아들여야 한다. 이때 필요한 게 '엄마 질문 3종 세트'다. 이 질문들에 대한 답을 찾아가는 과정이 다름 아닌 마음 맞춤이다.

**엄마 질문①** 우리 아이에게 도대체 무슨 일이 일어나고 있는 걸까?

**엄마 질문②** 지금 우리 아이에게 가장 필요한 게 뭘까? 우리 아이가 가장 원하는 게 뭘까?

**엄마 질문③** 내가 우리 아이를 위해 도울 수 있는 일이 뭘까?

찾아가는 상담에서 만난 엄마의 이야기다. 초등학교 5학년 아들은 엄마를 괴롭히기 위해 태어난 것마냥 날마다 기괴한 일을 벌였다. 하루는 경비실에서 전화가 왔다. 아들이 지하 주차장에 주차된 10대가량의 차에 소화기를 뿌려놓았단다. 그 일이 마무리되자마자 아래층 주민에게서 전화가 왔다. 아들이 계단에서 화분을 굴리는 바람에 온통 모래투성이란다. 아들 문제로 힘들어하는 이 엄마에게 엄마 질문 3종 세트를 알려줬다. 어떤 상황이든 이 질문 3가지에 대한 답을 찾아보기로 했다.

화가 나서 심장이 터질 것 같을 때 잠시 모든 걸 멈추고 심호흡을 유지하면서 질문을 떠올렸다. 질문을 하는 중에 거짓말처럼 마음이 차분해지며 머리가 맑아졌다. 이 아이의 행동 이면에는 관심받고자 하는 욕구가 도사리고 있었다. 엄마의 무관심에 대한 분노와 영재 학교에 다니는 동생과의 차별로 인한 적개심이 가마솥처럼 끓어오르고 있었다. 사실 암 투병 중인 시어머니 병간호로 인해 눈코 뜰 새 없이 바쁜 엄마는 심신이 지친 상태였다. 엄마가 자신의 마음을 알아주고, 엄마의 상황을 알아듣기 쉽게 이해시켜주자, 아이의 해괴한 행동은 점차 줄어들었다.

아이와의 갈등 상황에서 이 질문들만 마음에 품는다면 어떠한 순간에도 흔들리지 않을 수 있다. 아이는 비난이나 경멸의 대상이 아니라 도움이 필요한 대상이다. 아이이기 때문에 미성숙하고 투

박한 방식으로 자신의 불편한 감정을 표현할 뿐이다. 이 질문들에 대한 답을 찾기 위해 일단은 아이의 이야기를 들어야 한다. 아이가 아무리 잘못된 행동을 했더라도 듣는 게 먼저다. 혼내는 일은 그다음이라도 늦지 않다. 들어보고 영 아니다 싶으면 그때 따끔하게 가르치면 될 일이다. 세상의 모든 사람들은 옳고 그름의 잣대로 아이를 평가한다. 엄마라면 우리 아이의 마음이 어떨지, 무엇이 필요할지에 귀 기울여야 한다. 말을 듣는 일은 누구나 할 수 있다. 그러나 '아이의 마음을 들어주는 일'은 이 세상에서 엄마밖에 할 수 없다.

## : 4단계 감정 수용하기_ 아이의 감정이 옳다고 말해줘라

초등학교 3학년 아들이 엄마에게 잔뜩 화가 나서 노려보며 내뱉는 말이다. "엄마가 죽어버렸으면 좋겠어!" 이 말에 엄마는 충격을 받는다. "그래 이 자식아! 엄마 없이 어디 한번 잘 살아봐라." 화가 나서 사고 기능이 막힌 아이와의 말싸움은 어리석은 일이다. 이때 엄마는 "엄마한테 진짜 많이 화가 났나 보네"라고 하면 된다. "그럴 수도 있어. 엄마도 너만 할 때 그런 생각이 든 적 있거든."

아이의 말이 아니라 마음에 주의를 기울이며 아이의 마음이 옳다고 말해준다.

아이를 분노로부터 구해내기 위해서는 감정의 타당함을 알아줘야 한다. 자신의 감정이 비난받지 않고 그대로 수용되면, 아이는 그 감정으로부터 벗어나게 된다. 누군가를 죽이고 싶다가도 그 마음을 누군가 오롯이 알아주면 억울함이 한풀 꺾이게 된다. 분명히 잘못했지만 존재에 대해 비난받지 않고 있는 그대로 받아들여지는 경험을 통해 자기 존재를 보호받는다. 친구를 때린 아이도 마찬가지다. "네가 화가 날 때는 그럴 만한 이유가 있어"라고 말한다고 자신의 행동을 잘했다고 생각하지 않는다. 다만 마음속의 억울함 등을 털어낼 뿐이다.

이처럼 아이의 감정에 대해 "그렇게 느낄 수도 있어"라고 타당성을 인정해주는 것이 공감의 마지막 4단계다. "누구라도 너와 같은 상황이라면 그렇게 느낄 수 있어"라고 말해준다. 감정에 있어 "네가 옳다"라는 메시지를 받는 순간, 아이는 자신이 잘못되지 않았음을 확신한다. 이런 메시지를 받은 아이는 자존감을 다치지 않는다. 자기 스스로도 감정을 수용한다. 감정 표현을 어려워하지 않는다. 감정을 억압하고 감추고 숨길 필요가 없다. 감정에 불필요한 에너지를 쓸 필요가 없기 때문에 정말 중요한 일에 에너지를 사용할 수 있다. 삶이 홀가분해지고 건강해진다. 자신의 감정으로부터 자유로운 사람은 나아가 다른 사람의 감정에 대해서도 수용의 폭이 넓어진다. 다른 사람의 입장을 고려하거나 공감하기가 수월해진다. 이것은 대인 관계에서 아주 중요한 요소다. 감정에 대해서는 "그렇게 느낄 수도 있어"라는 말 한마디면 충분하다.

감정의 타당성을 인정해주는 동시에 감정을 말로 적절히 표현할 수 있도록 돕는 게 중요하다. 그리고 아이의 감정에 이름을 붙여줌으로써 아이 스스로 자신의 감정을 이해하고 객관적으로 바라볼 수 있도록 돕는다. 감정을 명명해야 하는 가장 중요한 이유는 감정에 이름을 붙이는 것만으로도 치유의 효과가 있기 때문이다. 감정은 도둑과 같다. 도둑에게 불빛을 비추는 순간 화들짝 놀라 도망가버리듯이 감정도 마찬가지다. 내 안에서 올라오는 감정에 이름을 붙이는 순간, 감정은 거짓말처럼 해소된다.

미국의 심리학자 존 메디나John Medina의 『베이비 브레인Brain rules for baby』에서는 감정에 이름을 붙이게 되면 신경학적으로 차분해지는 효과가 있다고 밝힌 바 있다. 또한 미국 캘리포니아대학교 로스앤젤레스 캠퍼스 심리학과 매튜 리버먼Matthew Lieberman 교수는 연구를 통해 감정에 이름을 붙이는 순간 감정 조절의 브레이크 페달 역할을 하는 전전두엽이 빠르게 활성화되고 감정의 뇌인 변연계 속 편도체의 활성도가 떨어진다고 말했다. 이처럼 분노를 말로 표현하게 되면 폭발하지 않는다. 적절하게 표현되지 못한 분노가 억눌린 상태에서 잘못된 행동의 형태로 나타난다. 하지만 강의나 상담에서 만나는 엄마들 중 절반 이상은 감정을 말로 표현하는 것 자체에 어려움을 겪는다.

## 엄마의 감정 어휘가 빈약할 때

1950년대 남태평양의 작은 섬 타히티에서는 자살률이 상당히 높았다고 한다. 천혜의 자연조건을 자랑하는 아름다운 섬에서 도대체 왜 자살률이 높았을까? 미국의 인류학자 로버트 레비Robert Levy는 이 문제를 연구하던 중 한 가지 사실을 발견했다. 타히티섬에는 '슬픔'이라는 어휘가 없었다. 이것이 자살과 어떤 연관이 있었을까?

슬픔은 누구나 느끼는 인류의 보편적인 감정이다. 무언가 중요한 것을 상실했을 때 우리는 슬픔을 느낀다. 자신의 욕구와 가치를 아는 중요한 지표가 바로 슬픔이다. 타히티섬 사람들은 슬픔을 느끼지만 슬픔을 표현할 길이 없었다. 마음이 무척 슬픈데 슬프다고 표현을 할 수 없을뿐더러 슬픈지조차 모른다면 어떻게 될까? 예를 들어 당신의 몸에서 이상 신호가 감지되어 병원을 찾았다고 가정해보자. 의사가 난감한 표정을 지으며 병명이 없다고 말한다면? 누구나 앞이 깜깜해지면서 두려움이 엄습해온다. 몸은 분명히 아픈데 이를 치유할 방법이 없다. 생각만 해도 끔찍하지 않은가? 두려움에 함몰되면 사람은 극단적인 선택을 감행하기도 한다. 반면에 병명을 진단받으면 병에 대한 통제력을 갖는다. 모든 게 명확해지고 증상에 따른 치유를 시작할 수 있다. 비만이라면 운동이나 식이 요법이 처방되고 감기라면 그에 맞는 약이 처방된다.

감정 어휘가 바로 이 '병명'에 해당한다고 볼 수 있다. 감정에 이름을 붙이는 순간, 감정은 명확해지며 감정에 따른 처방이 가능해진다. 이렇게 감정을 명명하는 과정을 거치면 내적으로 감정이 잘 정리되어 이후 이와 유사한 감정을 느낄 때 적절하게 처리할 수 있게 된다. 감정은 우뇌에서 처리되고 언어는 좌뇌에서 처리된다. 감정에 이름을 붙이는 것은 우뇌에서 좌뇌로의 연결을 의미하는 것으로 문에 고리를 다는 것과 같다. 감정이 문이라면 감정 어휘는 문고리다. 엄마는 최우선으로 아이의 감정에 집중해야 한다. 문을 만졌다면 고리를 찾는 일은 그다음이다. 문고리를 잡고 열어야 아이의 마음속으로 들어갈 수 있다. 문고리를 찾지 못하면 아이의 마음속으로 들어가기가 어렵다. 따라서 엄마라면 감정 어휘를 다양하게 활용할 수 있어야 한다. 문이 다시 닫히지 않도록 수시로 문고리를 잡고 있어야 한다. 즉, 아이의 감정을 놓쳐서는 안 된다.

감정에 이름을 붙일 때 주의할 점이 있다. 첫째, 아이의 이야기를 하나도 놓치지 않고 듣는 게 먼저다. 마치 의사가 환자의 증상을 자세히 듣고 처방을 하는 것과 같다. 무턱대고 아이의 말을 대충 듣고 "○○했네"라고 말하는 것은 좋은 방법이 아니다. 내 경험상 엄마들이 가장 많이 남발하는 감정 어휘는 '속상하다'이다. 아이의 말을 대충 듣고 "아휴, 속상했겠다"라고 하면 공감이 끝난다고 생각하는 엄마들이 많다.

둘째, 감정 어휘를 풍부하게 구사할 줄 알아야 한다. 지금 당장 종이 한 장을 꺼내 5분 동안 여러분이 알고 있는 감정 어휘를 생각나는 대로 적어보라. 시간이 부족하다면 시간을 넉넉하게 해도 상관없다. 몇 개 정도 적었는가? 혹시 20개 이상을 적었다면 당신은 훌륭한 공감 부모일 가능성이 높다. 10개가량밖에 못 적었더라도 너무 낙담하지 말라. 여러분뿐만 아니라 대부분의 엄마들이 그렇다. 강의 중에 이 활동을 하다 보면 아무리 시간을 넉넉하게 줘도 대부분 10~15개 정도를 적는 것이 보통이다. 간혹 20개까지 적어내는 엄마도 있지만 10개도 채 못 채우는 엄마도 의외로 많다. 아이를 키우는 엄마 입장에서 감정 어휘가 빈약하다는 것은 약국을 운영하는 약사가 달랑 10개도 안 되는 약을 진열해놓고 손님을 맞는 것과 같다. 당신이라면 이 약국을 찾을까?

만약 아이가 감정을 직접 표현하기 어려워한다면 자신의 신체

감각을 느끼고 표현하도록 돕는다. 앞서 1장에서 말했듯이 우리의 몸은 곧 감정의 통로이자 공명판이다. 따라서 우리는 신체 감각을 통해 감정을 지각한다. 이때 감정은 관념적이고 추상적인 것이 아니라 생생한 경험이 된다.

"몸에서 어떤 느낌이 일어나는 것 같아?"
"지금 말하는데 가슴이 꽉 막혀서 답답하니?"
"혹시 말하는 중에 심장이 마구 뛰는 느낌이 드니?"

아이가 어리다면 아이의 눈높이에 맞는 감정 읽기도 좋다.

"좁은 상자 속에 갇힌 기분이었어?"
"하늘을 나는 것 같았니?"

신체 감각을 제대로 표현하려면 어릴 때부터 몸의 변화를 직감적으로 알아차리는 게 중요하다. 이를 위해서 자신의 경험을 있는 그대로 수용하고 자연스럽게 표현하는 법을 배워야 한다. 몸을 자각하는 법을 잘 배우면 몸속 깊숙이 숨어 있던 감정들에 좀 더 쉽고 편안하게 접근할 수 있다. 여기서 잊지 말아야 할 것이 있다. 아이의 기분 상태를 정확히 아는 것보다 아이가 자신의 마음을 솔직하게 표현하고 감정을 편안하게 받아들이도록 하는 게 더 중요하다는 사실이다.

강의에서 만난 많은 엄마들은 아이의 감정을 읽는 데 어려움을 호소한다. 이처럼 아이의 감정을 읽거나 혹은 감정 표현하기가 어색하고 낯선 엄마들에게는 감정 단어 카드를 활용한 방법을 권한다. 시중에는 여러 종류의 감정 단어 카드가 있다. 그러나 굳이 사지 않더라도 충분히 카드를 만들어 활용할 수 있다. 두꺼운 명함 종이를 사서 카드마다 생각나는 감정 단어를 적는다. 당장 생각나지 않더라도 생각날 때마다 하나씩 추가해가는 것도 좋다. 카드에 감정을 추가하는 것을 아이와 함께한다면 금상첨화다.

**활동① 감정을 말해요!**

하루에 1번 또는 생각날 때 아이와 함께 1장의 카드를 뽑는다. 뽑힌 감정과 관련해서 아이에게 여러 가지 다양한 질문을 해보라. 이때 엄마도 함께 뽑아서 엄마의 감정에 대해서도 나누도록 한다. 이 활동은 엄마와 아이의 마음을 들여다보는 동시에 감정에 대해서 배울 수 있다.

- **억울함:** 오늘 하루 혹시 억울했던 적이 있었니?
- **섭섭함:** 너는 어떨 때 섭섭하다는 느낌이 들어?

- **기쁨**: 지내면서 제일 기뻤던 적은 언제야?
- **무서움**: 무서울 때는 어떻게 하면 도움이 될까?
- **우울함**: 친구가 우울해 보인다면 어떻게 도와줄 수 있을까?

강의 중에 이 방법을 소개하고 실제로 집에서 아이와 적용해본 엄마들은 그 효과에 대해서 극찬한다. 특히 아이가 잠들기 전에 잠자리에서 감정 이야기를 나누는 것이 아주 좋았다는 의견이 많다.

**활동② 감정 스무고개**

실제 상담에서 아이들에게 많이 활용하는 방법이다. 아이들은 자신의 감정을 솔직하게 드러내는 걸 어려워하거나 꺼린다. 이때 놀이처럼 접근하면 도움이 된다. 감정 단어가 보이지 않도록 카드를 뒤집어서 테이블에 깔아둔다. 그러고 나서 아이와 엄마가 1장씩 카드를 뽑은 다음, 서로 어떤 감정을 쥐고 있는지를 알아맞히는 게임이다. 스무고개와 마찬가지로 감정과 관련한 여러 질문을 할 수 있고 솔직하게 대답해야 한다.

- 최근에 그 감정을 느껴본 적이 있나요?
- 그 감정을 느낀 때를 자세히 설명해줄 수 있나요?

- 그 감정을 느끼는 걸 어떻게 알아차릴 수 있나요?
- 그 감정을 만약 색깔로 표현한다면 무슨 색일까요? 그렇게 생각한 이유가 뭘까요?
- 그 감정을 느끼는 누군가가 있다면 어떻게 해주고 싶은가요?
- 그 감정을 느낄 때 주로 어떤 행동을 하는지 보여줄 수 있나요? (제스처나 행동 등으로 표현하도록 한다)
- 그 감정을 표정으로 말해주세요.
- 그 감정과 비슷한 감정은 어떤 것이 있을까요?

참고가 될 만한 감정 단어 목록을 252쪽에 실었다. 다만, 여기에는 모든 감정이 포함되지 않았으므로 이 목록을 시작으로 감정 단어를 잘 관찰해 하나씩 늘려갔으면 한다.

## : 마음 맞춤 실제 사례_ 우리 선생님은 개새끼야!

몇 년 전 수업 중에 만난 엄마의 사례다. 초등학교 2학년 아들이 학교에서 오자마자 가방을 바닥에 내동댕이치면서 "우리 선생님은 개새끼야! 내일부터 학교에 안 갈 거야!"라고 했다. 여러분이라면 이럴 때 어떻게 하겠는가? 초등학교 2학년 자녀가 욕을 한다. 더군다나 선생님을 욕한다. 대부분의 엄마는 머리가 새하얘진다. '도대체 얘가 뭐가 되려고 벌써 욕이지?' 덜컥 겁이 난다. 이때를 훈육의 기회로 삼아서 단단히 가르쳐야겠다고 마음먹는다. 그러나 여기서 잠시 멈추고 숨을 고르자. 뭘 어떻게 해야 할지 착잡하다면, 또는 아이의 감정 앞에서 한없이 무너진다면 일단은 호흡하자. 깊은 호흡 2번이면 충분하다. 그리고 호기심을 갖고 아이에게 질문해보자.

**몸 맞춤**

아이의 행동이 평소와 전혀 다르다. 현관문을 쾅 닫는다. 씩씩댄다. 선생님 욕을 한다.

**눈 맞춤**

얼굴이 발갛게 달아올랐고 눈에 화가 가득하다. 금방이라도 눈물이 쏟아질 것 같다.

**마음 맞춤**

학교에서 선생님하고 안 좋은 일이 있었음이 틀림없다. 아이를 화나게 한 원인을 살펴봐야겠다.

아이: 우리 선생님은 개새끼야! (눈 맞춤에 앞서 엄마 마음을 진정시키는 게 먼저다)

엄마: 방금 욕하는 소리를 들은 것 같은데, 맞니? (이때 아이의 욕을 그대로 반영하지 않는다)

아이: ……

엄마: 엄마가 충격을 받아서 지금 얼이 나간 것 같아. 학교에서 무슨 일이 있었는지 엄마한테 자세히 얘기해볼래?

아이: 내가 오늘 5번이나 손을 들었는데 날 1번도 안 시켜줬어. 진짜 나빠!

엄마: 오늘 5번이나 손을 들었는데 널 1번도 안 시켜줬단 말이지.

→ **아이의 말을 그대로 돌려주기**

아이: 응! 1번도 안 시켜줬다고. 어떻게 그럴 수가 있어?

엄마: 그랬구나. 그래서 우리 아들이 이렇게 많이 부아가 난 모양이네.

→ **감정 읽어주기**

아이: 응.

엄마: 무슨 시간에 손 들었어? 1교시? 아니면 2교시?

→ **질문하기** (1교시에 2번, 2교시에 1번, 3교시에 2번 든 것과 1교시에 연속해서 5번을 든 것은 엄연히 다르다)

참고로 아이의 이야기를 들으며 감정에서 초점을 놓치면 안 된다. 감정이 만져질 때마다 감정을 그대로 읽어준다. 다음과 같이 말해주면 충분하다.

"우리 아들 많이 서운했겠네."

"그런 상황이라면 맥이 빠질 수도 있겠어."

"선생님이 많이 야속했을 것 같아. 엄마라도 그랬을 거야."

다음은 엄마가 할 만한 질문들이다. 엄마의 질문을 통해 아이는 자신의 상황을 좀 더 객관적으로 살펴보고 문제 해결로 한 발 더 다가갈 수도 있다.

- **질문①** 네가 손을 들었을 때 몇 명 정도 같이 들었어?

  → 반 전체 아이들이 들었는데 나를 안 시켜준 것과 4~5명만 들었는데 나만 안 시켜준 것은 감정의 종류와 강도가 다르다.

- **질문②** 혹시 예전에도 이런 적이 있었어?

  → 선생님과의 관계에서 이전에 비슷한 경험이 있었던 것과 처음인 것은 다르다.

- **질문③** 5번을 어떤 아이들을 시켜주셨는지 기억나니?
  → 이 질문은 중요하다. 아이는 누가 질문에 답했는지를 떠올리면서 동시에 그들의 공통점을 생각해볼 것이다. 어쩌면 그 아이들 모두에게 별다른 공통점이 없다는 걸 알아챈다면 아이 스스로 '랜덤'이라는 개념을 이해할 수 있다. 혹은 그 아이들의 공통점이 있다면 자신도 그렇게 해보면 된다. 즉, 문제 해결로 가는 실마리를 찾을 수 있다.

- **질문④** 만약 선생님이 너를 시켜주셨다면 어땠을까?
  → '만약에'라는 가정을 통해 상황이 해결되었을 때를 묻는다. 이때 상처 아래에 숨어 있는 아이의 욕구가 잘 드러난다.

대부분의 엄마들은 '별것 아닌 일'이라는 것을 확인하고 나면 한결 편안해진 마음으로 아이를 달랜다.

"우리 아들 많이 속상했겠네. 아마 선생님이 너를 제대로 못 보셨을 거야. 내일은 너를 시켜줄지도 몰라."

가뜩이나 선생님에게 화가 머리끝까지 난 아이가 엄마의 한마디로 화를 가라앉히고 설득이 될까? "아, 생각해보니 그러네요. 엄마, 제가 생각이 짧았어요"라고 하는 아이가 있다면 1,000명 중에 1명이다. 아이 속에서 부글부글 끓고 있는 분노는 엄마의 말 한마디로 쉽게 가라앉지 않는다. 일단 '별것도 아닌 일'이라는 생각을 버려야 한다. 아이의 입장으로 생각해보는 것이 공감이다. 어른인 엄마가 보기에는 별것도 아닌 일이지만 초등학교 2학년 아이에게는 엄청난 일일 수도 있음을 이해해야 한다.

그다음으로 이 아이가 학교에서 무슨 일을 겪었는지 엄마는 아무것도 모른다는 걸 인정해야 한다. 모르기 때문에 호기심을 갖고 물어야 한다. 충분히 대화를 나눈 후 아이의 마음이 어느 정도 편안해진다면, 그때 뒤로 밀쳐뒀던 행동에 대해 이야기해야 한다. 아이가 느낀 좌절감이나 서운함, 화는 죄가 없다. 그 순간의 아이에게는 당연한 감정이다. 그러나 분통이 터진다고 선생님을 상스럽게 욕하는 행동은 옳지 않다. 욕은 올바른 문제 해결 방법이 아님을 아이가 깨닫도록 해야 한다. 그래야 다음에 똑같은 상황이 벌어질 때 어떻게 대처할 수 있을지 함께 생각해볼 수 있다.

Tip

## 알아두면 도움 되는 감정 단어 목록

### ㄱ

가뿐하다 · 가슴이 찢어지다 · 가엽다 · 간담이 서늘하다 · 간절하다 · 감동받다 · 감사하다 · 갑갑하다 · 개운하다 · 걱정되다 · 겁나다 · 겸연쩍다 · 경멸스럽다 · 고깝다 · 고맙다 · 고요하다 · 고통스럽다 · 곤혹스럽다 · 골치 아프다 · 공허하다 · 과민하다 · 괴롭다 · 귀찮다 · 그립다 · 근심되다 · 기대가 되다 · 기막히다 · 기분 좋다 · 기쁘다 · 기운이 나다 · 기진맥진하다 · 긴장되다

### ㄴ

낙담하다 · 난처하다 · 너끈하다 · 넉넉하다 · 넋이 나가다 · 놀라다 · 누그러지다 · 느긋하다

### ㄷ

담담하다 · 답답하다 · 당당하다 · 당혹스럽다 · 당황스럽다 · 동정심을 느끼다 · 두근거리다 · 두렵다 · 든든하다 · 들뜨다

### ㄸ

떨떠름하다

### ㅁ

막막하다 • 막연하다 • 만족스럽다 • 망설이다 • 망연자실하다 • 맥 빠지다 • 멍하다 • 모멸감을 느끼다 • 모욕감을 느끼다 • 몰입하다 • 못마땅하다 • 무감각하다 • 무기력하다 • 무섭다 • 무안하다 • 뭉클하다 • 미안하다 • 미적지근하다 • 민망하다 • 밉다

### ㅂ

반갑다 • 벅차다 • 부끄럽다 • 부담되다 • 부럽다 • 분개하다 • 분노하다 • 분하다 • 불안하다 • 불쾌하다 • 불편하다 • 비참하다 • 비통하다

### ㅃ

뿌듯하다

## ㅅ

산란하다 • 상실감을 느끼다 • 상쾌하다 • 서글프다 • 서럽다 • 서운하다 • 설레다 • 섬뜩하다 • 섭섭하다 • 소름 끼치다 • 속 시원하다 • 속상하다 • 수심에 차다 • 수줍다 • 수치스럽다 • 슬프다 • 시기하다 • 시무룩하다 • 시큰둥하다 • 신경 쓰이다 • 신기하다 • 신나다 • 실망스럽다 • 심드렁하다 • 심란하다 • 심사가 뒤틀리다 • 심술 나다 • 심심하다

## ㅇ

아련하다 • 아쉽다 • 아찔하다 • 안달하다 • 안심되다 • 안쓰럽다 • 안절부절못하다 • 안타깝다 • 암담하다 • 애간장이 타다 • 애매하다 • 애잔하다 • 애절하다 • 애처롭다 • 애틋하다 • 야릇하다 • 야속하다 • 약 오르다 • 얄밉다 • 어색하다 • 어안이 벙벙하다 • 억눌리다 • 억울하다 • 억장이 무너지다 • 얼빠지다 • 여유롭다 • 연민을 느끼다 • 염려되다 • 오금이 저리다 • 오싹하다 • 외롭다 • 우울하다 • 우쭐하다 • 울적하다 • 울컥하다 • 울화가 치미다 • 움츠러들다 • 웃기다 • 원망스럽다 • 위축되다 • 유쾌하다 • 의기양양하다 • 의아하다 • 의욕이 넘치다

### ㅈ

자랑스럽다 • 자신만만하다 • 재미있다 • 적의를 느끼다 • 전전긍긍하다 • 절망하다 • 조급하다 • 조마조마하다 • 조심스럽다 • 좌절하다 • 죄스럽다 • 즐겁다 • 증오스럽다 • 지겹다 • 지긋지긋하다 • 지루하다 • 지치다 • 진땀 나다

### ㅉ

짜릿하다 • 짜증 나다 • 짠하다 • 찝찝하다 • 찡하다

### ㅊ

차분하다 • 착잡하다 • 참담하다 • 창피하다 • 처절하다 • 처지다 • 체념하다 • 초조하다 • 충격받다 • 충만하다 • 치욕스럽다 • 친근하다 • 친밀하다 • 침울하다

### ㅋ

쾌감을 느끼다 • 쾌활하다

## ㅌ

탐나다 • 통쾌하다

## ㅍ

편안하다 • 평화롭다 • 피곤하다

## ㅎ

한스럽다 • 행복하다 • 허무하다 • 허전하다 • 허탈하다 • 혐오스럽다 • 혼란스럽다 • 홀가분하다 • 화끈거리다 • 화나다 • 환희에 차다 • 활기차다 • 황당하다 • 황량하다 • 후들거리다 • 후련하다 • 후회되다 • 흐뭇하다 • 흡족하다 • 흥미롭다 • 흥분하다 • 흥이 나다 • 희망차다 • 힘이 솟다

5장

# 엄마도 마음이 힘들 때가 있다

# 공감이 어려운 엄마들

지금까지 엄마라면 반드시 알아둬야 할 기초적인 공감 기법에 대해 설명했다. 많은 엄마들은 공감에 대해 매번 배우고 실천하려 하지만 뜻대로 되지 않아 자괴감에 빠진다. “공감을 하고 싶지 않아요”라고 말하는 엄마, “공감이 마음만큼 되지 않아요”라고 좌절하는 엄마, “공감을 해봤자 아무 소용이 없어요”라고 푸념하는 엄마… 이처럼 공감은 양육에서 필수 과목이지만 낙제율이 가장 높기도 하다. 공감에 대해 강연을 하는 중에 한 엄마가 갑자기 울음을 터뜨렸다. “태어나서 한 번도 공감을 받은 적이 없는데, 나는 왜 공감을 해야 하나요?”라는 목소리에 오래된 상처가 묻어났다.

공감은 마음과 마음이 만나는 일이다. 엄마 마음에 치유되지 않은 상처가 있을 때 아이의 마음은 의도치 않게 엄마의 상처를 헤집게 된다. 이렇듯 엄마의 상처는 공감으로 가는 길목을 가로막고 선다. 엄마의 마음 상처만큼이나 공감을 어렵게 하는 요인이 있다. 공감에 대한 잘못된 생각이 엄마들을 혼란스럽게 만든다. 공감을 모르지도 않지만, 잘 안다고도 말 못 하는 엄마들의 속사정에는 공감에 대한 3가지 오해가 있다. 이 오해들을 정확히 이해하고 풀어야 공감이 좀 더 쉽고 간단해진다.

## : 오해① 공감은 어렵다

강의에서 만나는 많은 부모들은 공감이 어렵다고 하소연한다. 물론 쉽지 않다. 그러나 마냥 어렵기만 할까? 공감이 어렵다면 이유가 뭘까? 공감이 어렵다고 느끼는 이유는 아래와 같다.

### 엄마가 경청이 안 될 때

사례①

시우는 영어 선생님에게 혼이 났다. 벌을 서고 반성문을 제출하고 엄마도 학교에 불려 갔다. 창피한 엄마는 시우에게 다짜고짜 화를 내며 혼을 낸다. "너 때문에 엄마가 창피해서 고개를 들고 다닐 수가 없어! 도대체 누굴 닮아서 이 모양이니?" 그런데 이 아들, 엄마에게 잘못했다고는 못 할망정 오히려 얼굴을 붉히며 욕을 한다. "에이씨! 그만하라구요." 아들의 반응에 더욱더 화가 난 엄마도 같이 언성을 높인다.

사례②

해리는 학교에서 벌점을 받았다. 화장을 했다는 이유였다. 벌점 문자를 받는 순간 엄마는 화가 머리끝까지 솟구쳤다. 해리가 들어오자마자 소리를 질렀다. "커서 뭐가 되려고 그 모양이야? 술집에 다니려고 그래?" 엄마의 한마디에 해리는 눈물이 가득 고인 눈으로 엄마를 노려본다. 아이의 눈빛에 증오가 서려 있다.

앞선 사례에서 시우 엄마는 선생님에게 백번 사죄하면서 일단락을 지었고, 해리 엄마 역시 선생님에게 여러 차례 사정해서 벌점을 무마시켰다. 그러나 아이들과의 관계는 여전히 냉랭하다. 이제 아이들은 엄마와 함께 식사조차 하지 않는다. 심지어 엄마와 같은 공간에 있는 것조차 꺼린다. 벌어질 대로 벌어진 틈 때문에 엄마들은 고민이 많다.

서로 다른 강연장에서 만난 엄마들의 사연이다. 다른 사연이지만 둘 사이에는 공통점이 있다. 두 엄마는 아이들의 말에 귀 기울이지 않았다. 아이에게 무슨 일이 일어났는지 궁금해하지도, 들어보려고도 하지 않았다. 시우의 경우, 친구가 자신의 영어책에 한 낙서 때문에 선생님에게 오해를 샀다. 친구가 장난으로 시우 책에 영어 선생님 험담을 적었는데, 그만 선생님에게 들켜버렸다. 아무리 자신이 한 게 아니라고 해도 화가 난 선생님은 시우의 말을 들어주지 않았다. 해리의 경우도 마찬가지다. 학교를 마치고 나오는 길에 운동장에서 친구가 립스틱을 발라줬는데, 교문 바로 앞에서 학생 주임 선생님에게 걸렸다. 시우도 해리도 나름의 억울함이 분명히 있었다. 그러나 선생님도, 엄마도 그들의 이야기를 들으려조차 하지 않았다. 이럴 때 답답하고 억울한 아이들의 마음은 어떻게 해야 할까? 제때 제대로 처리되지 못한 감정들은 시간이 지남에 따라 화가 쌓여 짜증 덩어리로 나타난다. 이 감정의 화살은 대체로 자신의 마음을 알아주지 않는 엄마를 향하기 쉽다. 아이들이 엄마에게 갖는 기대가 크기 때문이다.

아이들이 하는 말을 제대로 경청하지 않으면 그들의 마음을 파악하기가 어렵다. 문제 현장에서 주인공은 바로 아이다. 아이의 마음을 제대로 이해하지 못한 채 상황을 해결하려 드는 건 마치 온갖 잡동사니를 옷장 속에 쑤셔 넣고 문을 닫아버리는 것과 같다. 문제 해결의 실마리는 경청에 있다. 엄마는 온전히 아이의 말을 집중해 들어줘야 한다. 때로는 들어만 줘도 공감이 된다. 한자 '들을 청聽'을 풀어보면, 10개의 눈으로 바라보면서 한마음이 되어야 한다는 의미가 숨어 있다. 10개의 눈은 무엇을 의미할까? 앞서 이야기한 눈 맞춤은 물론이며, 혹여 보지 못하고 놓치는 것이 없도록 아이의 마음을 샅샅이 살피라는 의미다. 그리고 엄마의 관점이 아니라 아이의 관점이 되어 바라보라는 뜻도 포함된다. 한마음은 서로의 마음이 연결된다는 의미로, '엄마는 내 편'이라는 확신이 들도록 하라는 뜻이다. 아이의 마음에 엄마의 마음을 맞추는 것, 즉 마음 맞춤이다.

경청의 기술로 유명한 인디언 이로코이Iroquois 부족의 이야기다. 수백 년 동안 이 부족은 토킹 스틱Talking Stick을 쥐고 있는 사람만이 발언할 수 있도록 했다. 그 사람이 말하는 동안은 아무도 끼어들거나 방해하지 못한다. 발언자는 충분히 이야기하고 난 다음에 다른 사람에게 스틱을 넘긴다. 속에 있는 말을 끝까지 비우지 못하고 미진하게 남겨두면 말의 찌꺼기는 짜증이나 불만으로 표출된다. 그러나 토킹 스틱을 이용해 충분히 말하도록 하면 놀라운 효과가 생긴다. 서로 간의 언쟁이 사라지고 여러 가지 창의적이고 생기 넘치는 아이디어가 쏟아진다. 실제로 미국의 저명한 토크쇼 진행자인 래리 킹Larry King이나 오프라 윈프리Oprah Winfrey도 이들에게 경청의 기술을 전수받았다고 한다. 이들의 효과적인 설득은 다른 사람의 말을 끝까지 들어주는 능력에서 시작된다.

두 딸을 20년 넘게 키우면서 나도 간혹 이 방법을 사용한다. 특히 두 딸이 서로 싸우면 엄마로서 어떻게 해야 할지 난감할 때가 있다. 그때는 둘 다 앉혀두고 한 사람씩 정해진 시간 동안 충분히 자신의 이야기를 하도록 한다. (휴대폰의 타이머 기능을 활용하라) 그때 다른 아이는 절대 끼어들거나 반박할 수 없다. 그저 들어줘야 한다. 정해진 시간이 지나면 다른 아이가 자신의 이야기를 시작한다. 이때도 마찬가지로 먼저 말한 아이는 끼어들거나 방해할 수 없다. 물론 엄마도 묵묵히 이야기를 집중해서 들어야 한다. 아이가 어리다면 장난감 마이크를 활용해보라. 씩씩대던 아이들에게 마이크를 갖다 대는 순간, 키득키득 웃게 되어 분위기가 전환될 수도 있다. 마이크를 쥔 아이가 말하도록 하되, 정해진 시간이 지나면 다른 아이에게 마이크를 넘기는 식이다.

이처럼 아이의 이야기를 처음부터 끝까지 집중해서 듣다 보면 문제가 수면 위로 떠오른다. 이때 문제를 정확히 진단함으로써 해결책도 찾기가 쉬워진다. 바로 경청의 힘이다. 엄마가 굳이 나서서 중재하거나 관여할 필요 없이 아이들 스스로 자신들의 문제를 정확히 파악해 그 해결책을 찾아낸다. 각자의 속 깊은 이야기를 충분히 들어봄으로써 서로에게 필요한 것이 무엇인지를 정확하게 찾아낸다. 물론 엄마도 아이들의 이야기를 집중해서 듣다 보면 상황을 객관적으로 바라볼 수 있다. 여기서 주의할 점은, 두 아이의 이야기를 한꺼번에 들을 때는 반드시 판사의 입장을 취해야 한다는 것이다. 변호사나 검사의 입장이 되면 엄마도 모르게 어느 한쪽으로 기울 수 있기 때문이다. 따라서 추임새를 넣거나 반응하지 않고 그저 담담히 들어준다. 그렇게 두어 번 방해받지 않고 충분히 말할 수 있는 시간을 갖고 나면 감정이 저절로 해소됨은 물론이고 문제에 대한 해결책도 쉽사리 찾아낸다. 사람은 누구나 마음속에 응어리진 이야기를 풀어내는 과정에서 말마디마다 응축된 감정이 묻어난다.

그런가 하면 때에 따라 둘 중 더 아프고 상처받은 아이가 있을 수 있다. 이 아이는 따로 시간을 내서 아이의 마음을 들어봐야 한다.

### 엄마가 감정에 압도되었을 때

다음 질문에 시간을 두고 답을 찾아보자.

- 아이의 어떤 감정에 나는 쉽게 무너지는가?
- 감정을 다스리기가 가장 어려운 아이의 구체적인 행동이나 태도는 무엇인가?

아이를 키우는 일은 내 안의 자라지 못한 아이도 함께 돌보는 일이다. 심리학에서는 이를 '상처받은 내면아이' 또는 '못난 자아'라고 부른다. 사람은 누구나 어릴 때 받은 상처가 있다. 사람마다 상처의 크기나 정도는 다르다. 누군가는 아직도 퉁퉁 부어 있거나 피멍이 들었지만, 누군가는 희미한 자국만 남아 있다. 이를 알 턱이 없는 순진무구한 아이는 매 순간 예고도 없이 엄마의 상처를 훅 건드린다. 살이 찢겨 피가 나는 곳에 소금물을 붓는다. 엄마는 순식간에 사자로 돌변해 으르렁대며 아이에게 달려든다.

중학교 1학년 딸이 학교에서 돌아오자마자 투덜대면서 "오늘 선생님한테 맞았어"라고 말한다. 이 말을 듣는 순간, 엄마는 이성을 잃는다. 아이 손목을 낚아채듯 끌고서 학교로 향한다. 옆에서 아이가 외치는 소리는 그저 윙윙거리는 소음일 뿐이다. 횡단보도만 건너면 바로 학교다. 때마침 빨간불에 걸렸다. 가쁜 숨을 몰아쉬며 아래를 보던 엄마의 눈에 아무렇게나 신은 낡은 슬리퍼가 들어온다. 정신이 번쩍 든다.

사실 아이가 맞고 들어오면 대부분의 엄마들은 흥분한다. 그러나 앞뒤 가리지 않고 학교를 찾아가는 경우는 드물다. 그렇다면 무엇이 이 엄마를 이토록 격분하게 했을까? 우리 뇌에는 외부로부터의 자극이 들어오면 시상을 거쳐 대뇌 피질로 연결되는 길이 있는데, 가끔은 대뇌 피질을 거치기 전에 편도체에서 낚아채 자율신경계를 활성화시키는 경우도 있다. 대뇌 피질에서 옳고 그름을 미처 따져볼 새도 없이 흥분 반응을 일으켜 반사적으로 행동하도록 만든다. 개에게 물린 경험이 있는 사람이 개를 보는 순간 가슴이 뛰고 근육이 긴장되는 것과 같은 이치다. 이는 대체로 누적된 경험에서 비롯되는 반응이다.

그렇다면 이 엄마의 사연은 무엇일까? 그녀에게는 아무에게도 털어놓지 못한 상처가 있다. 중학교에 입학한 그해 3월, 체육 선생님에게 뺨을 맞았다. 그것도 반 전체 아이들이 보는 앞에서! 그 순간 14살 소녀는 눈앞이 아득해졌다. 맞은 아픔보다 수치심과 모멸감이 더 고통스러웠다. 차라리 교실 바닥이 땅끝으로 꺼져 자신이 사라지기를 간절히 바랐다. 당시 초등학교 교사였던 엄마에게 입도 벙긋 못 하고 상처를 꿀꺽 삼켜야 했다. 그대로 가슴 안에 가라앉은 상처는 시간이 지남에 따라 점점 곪아갔다. 수십 년이 흐른 지금, 딸의 '선생님'과 '맞았어'라는 말은 엄마의 성난 상처를 후벼팠다. 그 순간 엄마는 14살 미성숙한 아이로 돌아갔다. 억울함과 치욕감, 그리고 분노로 뒤범벅이 된 '14살 여자아이'에게 문제 해결을 기대하기는 어렵다. 지금 딸에게는 '마흔 넘은 이성적인 엄마'가 어느 때보다도 필요하다.

또 다른 엄마의 이야기다. 초등학교 1학년 딸이 어느 날 울먹거리며 말한다. "엄마, 상준이가 이제 나랑 같이 안 다니고 지인이랑만 같이 다녀." 상준이는 한 아파트에서 같이 나고 자란 단짝 친구다. 여러분이라면 이런 경우 어떻게 반응할까? 그녀는 이 말을 듣자마자 가슴이 마구 뛰면서 눈물만 그렁그렁 맺혔다. 이 사연을 말하는 도중에도 닭똥 같은 눈물을 뚝뚝 떨어뜨렸다. 8살 아이들의 풋사랑 이야기다. 이 엄마의 반응은 누가 봐도 과하다. 그러나 그녀의 20대 초반 가슴 아픈 사연을 듣는다면 누구나 고개를 끄덕일 수밖에 없다. 마음을 다해 사랑했던 연인으로부터 배신을 당하고 버려졌다. 그때 벌어진 상처는 봉합되지 못한 채 여전히 그녀를 괴롭힌다.

어디서 튀어나올지 모르는 두더지 머리처럼 아이들은 실로 다양한 문제를 안고 수시로 엄마 앞에 나타난다. 이때 엄마는 이성적이고 객관적인 자세를 유지해야만 튀어 오르는 두더지 머리를 정확히 가격할 수 있다. 만약 흥분하거나 조급해지면 눈에 보이는 대로 망치를 휘두르게 된다. 다시 말해서 엄마가 감정적으로 편안할 때 아이의 말에 귀를 기울일 수 있다. 그러므로 엄마는 아이의 어떠한 감정에도 휘둘리지 말아야 한다. 아이의 감정에 두려움을 느껴서도 안 된다. 아이의 감정을 기꺼이 받아들이고자 하는 태도, 부모 자신의 감정을 기꺼이 보류하는 태도가 공감에서 요구되는 자세다. 혹여 아이의 감정 앞에서 한없이 무너진다면, 아이의 감정이 엄마의 두려움을 불러일으킨다면, 이때는 공감이 아니라 엄마의 마음을 돌봐야 할 시간이다. 기억의 서랍을 열어 먼지처럼 켜켜이 쌓인 감정을 털어내보자. 엄마 안의 묵은 상처를 충분히 애도해주자. 기억은 어찌할 수 없지만, 기억 사이사이에 낀 감정을 털어내는 것만으로도 한결 가벼워진다.

앞서 질문에 대한 답을 찾아 들어가면 그 속에는 미처 해결하지 못한 엄마의 곪은 상처가 있다. 엄마가 자신의 상처를 알아차려 자기 연민으로 감싸 안는 것만으로도 험난한 육아 고개의 절반은 넘을 수 있다.

## : 오해② 공감은 아이의 감정을 똑같이 느끼는 것이다

"네가 나를 모르는데, 난들 너를 알겠느냐. 한 치 앞도 모두 몰라 다 안다면 재미없지"라고 시작하는 노래를 들어본 적이 있는가? 가수 김국환의 '타타타'로 한때 남녀노소 가릴 것 없이 전 국민이 홀린 듯 흥얼거리던 노래다. 너도 나를 모르고 나도 너를 모른다. 서로 몰라서 관계의 미로 속에서 헤매고 있을 때 그게 오히려 재미있지 않냐는 가사가 온 국민의 가려운 마음을 시원하게 긁어준다. 중요한 건 나도 내 마음을 잘 모른다는 사실이다. 나도 내 마음을 잘 모르는데 아이의 마음을 아는 게 가능할까? 나는 불가능하다고 본다. 많은 엄마들이 한숨을 토하면서 하는 말이다.

"도무지 아이의 마음을 모르겠어요. 문제가 있는 엄마인 거죠?"

당연히 문제가 없는 정상적인 엄마다. 아이의 마음을 다 안다면 얼마나 좋을까? 하지만 이런 기대는 버리자. 노래 가사처럼 아이의 감정이나 생각이 어떤지를 다 안다면 얼마나 재미없고 단조롭겠는가? 한 치 앞도 모르니까 흥미롭고 재미있다. 모르기 때문에 엄마는 아이에게 묻고, 그들의 말에 귀를 기울여야 한다. 아이가 경험한 것이 무엇인지 자세히 알아야 그 순간 아이의 마음이 어땠을지 짐작할 수 있다. 관계는 평면적이 아니라 입체적이고 살아 움직이듯 생동감 넘치는 것이다.

강의에서 만난 엄마의 사례를 들어보자. 초등학교 5학년 아들이 오늘 새로 등록한 학원을 처음으로 갔다 오는 날이다. 엄마는 아이가 학원에서 돌아오자마자 다그치듯 묻는다. "아들, 오늘 학원은 어땠어? 선생님은 어떤 것 같아? 친구들은 괜찮아? 다닐 만해?" 폭포수처럼 쏟아지는 질문에 아들이 꺼낸 한마디는 "글쎄요. 선생님이나 친구들하고는 한마디도 안 해봐서 잘 모르겠는데요"다. 이 말에 엄마는 "아이고, 너 정말 민망하고 불편했겠다. 다른 데로 옮겨야 하나?"라고 한숨을 쉬었다. 이 말이 떨어지기 무섭게 아들은 손사래를 치며 말했다. "아니에요, 엄마. 저는 이 학원이 정말 마음에 들어요. 계속 다니고 싶어요." 어리둥절한 엄마에게 아들이 한 말이다. "이 학원에서는 아무도 나한테 관심 갖지 않고 귀찮게 하지 않으니까 아주 편안해요. 오히려 공부에만 집중할 수 있어서 정말 좋은 것 같아요."

생각해보자. 민망하고 불편한 감정은 누구의 감정인가? 엄마의 감정이다. 엄마의 욕구와 가치는 관계에 있다. 사람들에게 주목받고 관심받고 싶은 마음이 크다. 그런데 3시간 내내 아무도 내게 말을 걸어주지도, 아는 척을 하지도 않는다. 서운하고 섭섭한 걸 넘어서 불편하고 민망하다. 가시방석처럼 느껴지고 도무지 공부에 집중이 안 된다. 그렇다면 아들은 어떨까? 아들은 엄마와 다르다. 아들은 독립적인 환경을 더 선호하는 편이다. 사람들 간의 경계가 명확하고 누군가 그 경계를 허물고 들어오면 오히려 불편함을 느끼고 불안해한다. 아무도 나에게 시선을 주지 않을 때 편안하고 안정된 상태에서 공부에만 집중할 수 있다. 이처럼 엄마와 아이는 욕구나 가치가 전혀 다른 개별적인 존재다. 이들이 매 상황마다 같은 감정을 느끼기란 복권 당첨만큼이나 그 가능성이 희박하다.

나는 어두운 길을 무서워한다. 어두컴컴한 밤길을 혼자 걸을 때는 온몸이 경직되면서 경계 태세를 취한다. 그래서 밤 10시가 넘으면 혼자서 밖을 나가지 않거나 가까운 거리도 차로 이동하는 편이다. 내가 대학을 다닐 때는 인신매매라는 말이 흉흉하게 떠돌았다. 실제로 밤늦게 귀가하던 중 낯선 남자가 뒤따라와서 극도의 위기 상황에 빠진 적이 있었다. 천운으로 지나가는 행인들 덕분에 무사했지만, 그때의 공포는 화석처럼 뇌리에 박혔다. 이것이 밤에 대한 나의 기억 조각이다. 이후 나에게 밤은 피하고 조심해야 할 그 무엇이 되어버렸다. 이처럼 감정은 한 사람의 욕구나 가치뿐만 아니라 경험도 반영한다. 사실 두 딸은 쉰이 넘은 엄마가 밤 10시만 넘어가면 안절부절못하는 게 이해가 안 된다고 한다. 당연히 밤에 대해 나와 같은 감정을 느끼는 건 불가능하다.

사람은 다 다르다. 감정에 있어 정해진 답은 없다. 앞선 사례처럼 같은 상황이라도 아이와 엄마의 감정은 다르다. 아이는 엄마와 똑같이 느끼지 않는다. 마찬가지로 엄마 또한 아이와 똑같이 느낄 필요가 없다. 똑같은 감정을 느끼라고 강요하는 건 엄청난 폭력이요, 횡포다. 마찬가지로 상대방과 똑같은 감정을 느끼려고 발버둥을 치는 것도 어리석은 일이다. 공감은 같은 감정을 느끼는 게 아니다. 그저 상대방의 욕구를 인정하고, 경험을 받아들이며, 그런 감정을 느낄 수도 있다고 이해해주면 그걸로 충분하다. 감정에 있어서만큼은 우리 모두 자유로워야 한다.

## : 오해③ 공감은 아이를 망친다

많은 엄마들은 공감이 아이를 망칠 거라고 걱정한다. 망치는 게 무엇이냐고 되물으면 공감받은 아이들은 버릇이 없어져 제멋대로 하기가 쉽단다. 자기밖에 모르는 안하무인으로 자란다고 말한다. 정말 그럴까? 대답부터 미리 하면 공감이 아이를 망치는 건 근거 없는 말이다. '아이를 망치는' 공감이란 제대로 된 공감이 아닐 가능성이 크다. 얼마 전 교육에서 만난 엄마의 말이다.

"학교에서 친구와 싸웠는데 저희 아이만 가해자로 찍혔어요. 그래서 학교에서 벌 받고 선생님에게 혼나서 아이가 기가 팍 죽어 온 거예요."

"저런, 마음이 많이 힘드셨겠네요."

"애를 보는데 제가 막 화가 나는 거예요. 담임 선생님이 너무 불공평하게 처신하신 것 같았고요."

"담임 선생님에게도 화가 나셨구나. 그럴 수 있죠. 그래서 아이에게는 어떻게 하셨나요?"

"그래도 제가 이런 교육을 받고 있어서 그나마 공감해줄 수 있었지요."

"공감해주셨다니 정말 다행이네요. 구체적으로 어떻게 아이와 이야기를 나눴는지 여쭤봐도 될까요?"

"아이 이야기를 듣다 보니 애가 많이 억울했던 것 같아요. 그래서 너 참 많이 억울했겠다고 했죠. 그리고 너희 선생님도 그러면 안 되는데 엄마는 처음부터 선생님이 마음에 안 들었어. 선생님의 경력이 얼마 안 되다 보니 뭐가 옳고, 그른지를 잘 모르는 것 같아. 어쩌겠니? 뭐 이런 식으로 말했던 것 같아요."

"그랬더니 아이가 감정적으로 편안해지던가요?"

"글쎄요. 방으로 들어갔으니 편안해지지 않았을까요?"

## 엄마와 아이는 '감정적 한편'이 되어야 한다

많은 경우 엄마들은 앞선 사례와 같은 대화를 많이 나눈다. 이 일련의 이야기에서 뭔가 느껴지는 게 있는가? 먼저 마음을 다친 아이를 위로하고 억울한 마음을 알아주는 것만으로도 훌륭하다. 아이의 이야기를 들어주려고 애쓴 것도 칭찬받아 마땅한 엄마의 태도다. 그러나 제대로 된 공감이라고 보기에는 2% 부족하다. 엄마는 상황을 객관적으로 바라보기 위해 애써야 하는데도 불구하고 아이와 한편이 되어 선생님을 비난하고 있다. 엄마가 잊지 말아야 할 중요한 사실은 아이가 자기중심적으로 상황을 해석하고 바라본다는 점이다. 담임 선생님이 부당하게 대한 면이 없잖아 있겠지만 정확성이나 강도에 있어서는 지극히 주관적인 해석이 개입된다.

우리의 뇌는 스스로 객관적인 판단을 하지 못한다. 뇌 구조상 모든 경험을 각자의 프레임을 통해 받아들이고 해석한다. 특히 사춘기 아이들의 뇌는 혼란스럽다. 상황을 객관적으로 분별하고 판단하기가 성인보다 더 어렵다. 감정의 뇌와 이성의 뇌를 이어주는 부변연계에는 '대상회'라는 것이 있다. 이는 전두엽을 도와 고차원적인 인지 기능을 실행하도록 하며, 동시에 감정의 뇌인 편도체를 도와 충동을 억제하고 감정을 적절히 조절하도록 돕는다. 대상회가 잘 기능할 때 감정 조절은 물론 자신의 상황을 이성적으로 분별하고 바람직하게 문제를 해결하는 것도 가능하다. 대상회를 활성화시키는 가장 효과적인 방법은 바로 상황을 되도록 객관적으로 바라보는 경험이다. 따라서 엄마는 적절한 질문을 통해 아이가 스스로 자신의 경험을 객관적으로 바라볼 수 있도록 돕는 동시에, 엄마 자신도 객관성을 확보해야만 한다. 때에 따라 상황이 민감할 때는 우리 아이의 말에만 의존할 게 아니라 교사나 아이 친구 엄마들의 말도 들어볼 필요가 있다. 물론 어떠한 상황에서라도 엄마는 아이와 한편이 되어야 한다. 이때는 '감정적 한편'을 말한다. "네 마음은 엄마도 충분히 이해해. 엄마라도 그럴 수 있어"라는 말은 아이의 감정에 문제가 없다는 사실을 확인시켜주는 것으로, 아이를 안심하게 만든다.

공감의 주체가 되어야 할 엄마는 어떠한 상황에도 흔들리지 말아야 한다. 엄마가 감정의 균형을 잡고 이성적인 자세를 유지할 때 아이 이야기를 제대로 듣고 반영해줄 수 있다. 만약 엄마가 아이의 관점에서 선생님을 함께 비난하면 어떻게 될까? '역시 엄마는 내 편이야'라고 고마워하며 선생님에 대한 억울함을 처리할 수 있을까? 오히려 '거봐, 내가 옳았어. 선생님이 잘못한 거야. 선생님 말씀은 들을 필요가 없어'라는 생각을 굳힐 수도 있다. 선생님과의 관계를 멀어지게 만드는 지름길이다. 학교에서도 선생님에게 반항적인 태도로 대할지도 모른다. 이는 아이를 바람직한 길로 이끌어주는 게 아니라 오히려 망칠 수도 있다. 그렇다면 어떻게 해야 할까?

공감은 아이의 용기를 북돋아주고 정서적 지원을 하는 일이다. 아이 스스로 자신의 문제를 해결할 수 있다는 믿음이 바탕이 되어야 한다. 믿지 못할 때 아이의 사기는 꺾인다. 아이는 자신이 경험한 바를 자세히 말하며 안전한 환경에서 재경험한다. 이를 통해 아이 스스로 자신의 문제와 상황 전반을 재구성할 수 있다. 사건이 일어난 현장의 주인공은 아이다. 엄마는 이 일에 대해서는 아는 바가 없다. 아이에게 시선을 고정한 채 관심과 호기심을 갖고 물어야 한다. 그리고 온 마음을 다해 들어야 한다. 듣는 중에 아이의 감정이 만져지면 감정을 있는 그대로 수용한다. 아이가 억울하다면 "억울할 수도 있겠다"라고 말해줘라. 선생님을 때리고 싶다고 말한다면 "때리고 싶을 만큼 선생님이 밉다는 거지? 그럴 수도 있어"라고 아이 마음을 알아줘라. 아이의 말을 충분히 다 듣고 객관적으로 판단했을 때 선생님이 공정하지 못했다는 생각이 들면 그때 문제 해결을 생각해볼 수 있다. 아이 혼자 문제를 해결하기가 어렵다면 엄마가 나서서 도울 수 있어야 한다. 이게 감정을 수용하는 태도다.

## 아이의 모든 감정은 무죄다

감정과 행동은 별개다. 감정을 느끼는 것은 괜찮지만 행동으로 표현하는 것은 신중해야 한다. 거듭 말하지만, 감정은 날씨와 마찬가지로 옳고 그름의 이분법으로 판단할 대상이 아니다. 감정은 한 존재의 있는 그대로를 나타내는 바로미터로, 현재의 상태를 시시각각으로 반영하는 신호다. 감정은 개인의 생존과 적응을 위해 기능하고 있기에 모두 존재하고 느끼는 이유가 있다. 따라서 모든 감정은 무죄다. 다만 죄를 따질 수 있다면 그것은 행동에 대해서다. 행동은 감정과는 달리 옳고 그름의 판단 기준이 적용된다. 잘못된 행동에 대해서는 반드시 올바른 지침을 알려줘야 한다.

아이들이 배워야 할 것은 감정과 행동을 구분하는 일이다. 누군가가 죽이고 싶도록 밉다면 '죽이고 싶은 그 감정'은 죄가 없다. 살아가면서 누구나 한 번쯤은 이런 감정을 느낄 수 있다. 그러나 실제 살인을 하는 것은 완전히 다른 문제다. 자신의 별명을 부르며 놀려대는 친구를 주먹으로 세게 내리쳤다. 아이가 그 친구를 때리기까지의 과정을 들어보면 분명히 그 속에는 부모가 간과하기 쉬운 원인이 있다. 감정에 대해서는 타당성을 인정해주되, 행동에 대해서는 반드시 한계를 설정해줘야 한다. 감정은 수용하되 행동에 대해서는 올바른 지침이 따라야 한다. 친구를 때린 아이의 경우 먼저 아이가 느낀 약 오르는 마음과 치욕스러움은 충분히 알아주되, 폭력이 잘못된 행동임을 분명히 깨닫도록 한다. 이후 폭력이 아닌 다른 문제 해결 방법을 생각해본다. 아이는 자신의 잘못된 행동에 대해서 분명히 책임져야 한다. 즉, 친구에게 직접 사과하고 자신이 무엇 때문에 그토록 화가 났는지 적절히 표현할 수 있어야 한다. 만약 아이가 물건을 훔쳤다면 물건을 훔친 행동 이면의 욕구나 이유를 살펴보되, 도둑질이 나쁜 행동임을 반드시 일깨워줘야 한다. 그러고 나서 아이가 직접 물건을 되돌려주고 사과를 하도록 해야 한다.

공감이 아이를 망칠 수도 있다는 것은 엄마가 아이의 말을 제대로 들어주지 않을 때 일어날 수 있는 일이다. 엄마가 이성을 놓치거나 혹은 감정을 무한대로 허용해줌으로써 일어날 수 있는 문제다. 무엇보다 감정과 행동을 별개로 보지 않을 때 아이에게는 혼동이 생긴다. 잘못된 행동에 대해서는 반드시 바로잡아야 하며 다시 반복되지 않도록 해야 한다. 제대로 된 공감은 절대로 아이를 망치지 않는다.

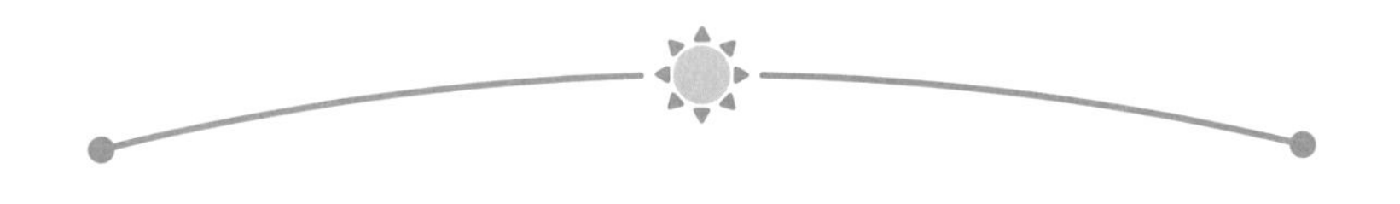

# 아이에게 상처받는 엄마들

지금까지 아이가 감정적 불편함을 느낄 때 아이의 마음을 보살펴줄 수 있는 방법에 대해 알아봤다. 그렇다면 엄마의 불편하고 힘든 마음은 어떻게 할까? 엄마도 불완전한 사람이다 보니 욱하거나 서운할 때가 있다. 아이가 무심결에 한 말이나 행동으로 인해 넘어지고 상처받는 엄마들도 있다. 엄마에게도 때로는 공감이나 위로가 필요하다. 이럴 때 아이가 엄마를 공감해주고 위로해준다면 얼마나 좋을까? 미리 말하지만, 이런 기대는 고이 접어두는 게 좋다. 특히 미성년 자녀에게 공감을 기대해서는 안 된다. 아직 자신의 감정조차도 제대로 처리하기 어려운 아이들이다. 이들에게 엄마의 감정을 돌봐달라고 하는 것은 애벌레에게 날기를 재촉하는 것과 다름없다. 간혹 상담을 하다 보면, 특히 의젓하고 듬직한 자녀에게 정서적으로 기대는 엄마들이 있다.

"엄마는 너만 있으면 돼. 너는 엄마에게 세상 모든 것이야!"

"다른 애들은 몰라도 너는 엄마 마음을 알아줘야지. 엄만 너 하나만 바라보고 사는데……."

"네가 어떻게 엄마에게 그럴 수 있어? 너는 엄마한테 그러면 안 되잖아."

이런 말들은 아이를 옥죄고 무기력하게 만든다. 자세히 들여다보면 교묘하게 엄마의 감정을 아이 탓으로 돌리는 말이기도 하다. 엄마의 감정과 분리되지 못한 아이는 나아가 엄마와 자신을 분리하지 못해 문제를 겪는다. 아이는 아이일 뿐이다. 엄마가 엄마의 삶을 살아가듯이 아이에게도 자신의 삶을 살아갈 권리가 있다. 엄마의 무게를 나눠 지고 가는 아이들은 삶이 버겁고 무겁다. 자칫 엄마의 처리되지 못한 감정 찌꺼기를 아이에게 무분별하게 구겨 넣음으로써 아이가 엄마의 감정 쓰레기통이 될 수도 있다. 이는 명백한 정서적 학대다. 엄마는 자신의 감정을 스스로 책임질 수 있어야 한다. "너 때문에 엄마가 너무 지치고 힘들어"라는 말을 아이에게 해서는 안 된다. 물론 아이의 행동이 엄마의 감정에 영향을 미칠 수는 있으나 엄마 자신의 감정은 어디까지나 엄마의 책임이다. 공감이나 위로가 필요할 때는 아이가 아닌 성인에게 기댈 필요가 있다.

다만, 엄마가 아이의 행동으로 인해 상처받았다면 이에 대해서는 정확히 전달해야 한다. 아이도 자신의 행동이 엄마에게 어떤 영향을 미치는지 정확하게 알아야 한다. 나아가 엄마를 이해하고 존중하는 법을 배워야 한다. 엄마는 불쾌하고 부정적인 감정이 가라앉고 나면, 자신이 원하는 것을 부드럽지만 단호하게 요구할 필요가 있다. 물론 엄마의 요구를 들어줄지 말지는 아이의 선택이다. 아이의 행동을 변화시키는 건 엄마의 의지를 벗어나는 일이다. 하지만 적어도 엄마가 상처받았던 부분을 전하고, 필요한 경우 사과를 받거나 행동의 변화를 요청하는 것은 엄마의 의지로 선택할 수 있는 부분이다. 같은 실수가 반복되지 않도록 아이도 주의를 기울일 필요가 있다.

## : 나만 알고 너는 모른다

승희 엄마는 요즘 승희 때문에 미치고 팔짝 뛰겠다고 말한다. 방학이라 하루 종일 집에서 뒹굴면서 휴대폰이나 TV만 보는 승희가 못마땅하고 마뜩하지 않다. 온종일 직장에서 일을 하고 고된

몸으로 퇴근을 하면 승희는 아침에 나갈 때의 모습 그대로 엄마를 맞는다. 집 안 상태도 엄마가 나갈 때 그대로다. 거실은 잔뜩 어질러져 있고 부엌 싱크대에는 설거지 더미가 쌓여 있다. 강의 중에 이 이야기를 하면서 승희 엄마는 다시 흥분한다. "아니, 중학생 정도면 이제 알아서 해야 하는 거 아니에요? 엄마가 얼마나 힘든지 아는 나이 아닌가요? 애가 어쩜 그렇게 이기적이고 게을러터졌는지, 볼 때마다 열불이 나요"라고 울분을 토한다.

많은 엄마들은 '말하지 않아도 아이가 내 마음을 알아줄 거야'라는 얼토당토않은 기대를 품고 있다. 그러나 불행하게도 아이는 엄마의 마음을 모른다. 알 턱이 없다. 엄마는 자신이 필요한 것을 말로 표현해야 한다. 문제는 우리 중 대부분이 '원하는 걸 말하는' 훈련이 되어 있지 않다는 점이다. 심지어 제대로 배워본 적도 없다. 그저 투덜대고 짜증 내고 화를 낼 뿐이다.

이쯤에서 앞서 다룬 내용을 다시 점검해보자. 공감에서 요구되는 자세는 '아이가 무슨 일을 겪었는지 아무것도 모른다는 사실을 인정하는 것'이다. 아이가 무슨 일을 겪었는지, 마음이 어떤지에 대해 엄마는 아무것도 모른다. 공감은 영화와 같다. 주인공의 말이나 행동 이면에 숨은 의도를 살피고, 전체 맥락이 어떻게 전개되는지 몰입해서 보는 게 영화다. 공감도 마찬가지로 영화와 같이 아이의 경험을 한 장면이라도 놓쳐서는 안 된다.

하지만 승희 엄마의 사례처럼 아이가 아닌 엄마가 감정적으로 불편함을 겪고 있다면 얘기가 달라진다. 아이가 나에 대해서 모르고 있다는 사실을 받아들이고 최대한 구체적으로 말해줄 필요가 있다. 엄마 자신의 이야기를 할 때는 인내심과 더불어 세심한 친절함이 필요하다. 아이에게 엄마를 이해해달라고 말할 수 있지만, 아이가 엄마를 이해하기에는 아직 어리다. '내 자식이니까 내 마음을 어느 정도는 알겠지'라는 기대가 실망을 부추기기 마련이다. 아이에 대한 모든 기대는 살포시 내려놓고 어떻게 자신을 표현할지 전략을 짜야 한다. 이때 엄마에게 요구되는 자세는 '나만 알고 너는 모른다'이다. 공감이 영화와 같다면 엄마의 마음을 전달하는 것은 뉴스에 견줄 수 있다. 뉴스는 정확한 사실을 알아듣기 쉽게 군더더기 없이 전달한다. 아이에게 무엇을 전달할지 명확해야 한다. 엄마가 감정에 복받쳐서 아이에게 호소한다면 아이는 어리둥절할 뿐만 아니라 겁을 먹을 수도 있다. 따라서 아이에게는 담담하고 간결하게 전달해야 한다. 아이에게 KISS Keep It Simple and Short 를 퍼붓는 것이다.

엄마의 화 아래 어떤 욕구가 깔려 있는지, 우울해서 화를 내는 것인지, 불안해서 화를 내는 것인지, 엄마가 말해주지 않는 이상 아이는 알 길이 없다. 말하기에 앞서 엄마는 자신의 내면이 어떤지 들여다봐야 한다. 마치 뉴스 전에 취재를 하고 팩트를 체크하는 것과 같다. 참고로 다음의 3가지는 반드시 체크해야 할 필수 항목이다.

- 아이의 어떤 행동이 나를 힘들게 하는가?
- 아이의 행동으로 인한 나의 마음은 어떤가?
- 궁극적으로 내가 아이에게 원하는 것은 무엇인가?

이때 가장 중요한 것은 아이가 이야기를 들을 만한 상태인지 확인하는 일이다. 아이의 마음이 편안하고 차분한 상태라야 엄마의 말에 귀를 기울인다. 엄마의 의사를 제대로 전달하기 위해서 유념해야 할 2가지가 있다.

### I-Message

주어가 '너'가 아닌 '나'여야 한다. 다음은 너를 주어로 하는 문장들이다.

- **예시①** 너는 매번 하는 일이 왜 그 모양이니?
- **예시②** (너는) 빨리 씻고 들어가서 숙제해!
- **예시③** 너는 집중하지 못하고 자꾸 실수하는 게 문제야.

이렇듯 너가 주어인 경우, 아이에게 지시하거나 평가한다는 느낌과 아울러 책임을 추궁하는 것처럼 받아들여진다. 너를 주어로 하면 아이는 자신의 잘못을 지적받음으로써 자존심이 상하거나 상처를 받는다. 무엇보다 공격이나 비난을 받는다는 생각이 들면 어떻게든 방어하고자 하는 충동이 일어난다. 이와 달리 나를 주어로 할 경우, 이러한 평가나 판단, 비난의 어조 없이 팩트만 전달이 가능하다. 앞선 표현들을 주어만 바꿔서 다시 표현해보자.

- **예시①** 엄마가 볼 때는 다른 방법으로 해결할 수 있을 것 같은데, 네 생각은 어때?
- **예시②** 엄마는 네가 3시까지는 숙제를 끝냈으면 좋겠어. 가능할까?
- **예시③** 엄마는 네가 집중하는 걸 어려워하는 것 같아서 걱정이 되고 신경이 쓰여.

다음 예시 중 어떤 표현이 더 효과적일까?

"네가 엄마한테 버릇없이 소리를 지르니까 엄마가 화가 나는 거잖아."(×)
"네가 엄마한테 '엄마는 알 필요 없어!'라고 말하는 걸 들으니 엄마는 무시당하는 느낌이 들고 화가 났었어."(○)

"네가 밤늦은 시간에 들어와서 엄마를 걱정케 하는 거 아냐!"(×)

"밤 10시가 넘었는데도 연락이 되지 않아서 엄마는 걱정되고 불안했어."(○)

이처럼 I-Message로 전달할 경우, 아이의 말과 행동으로 인한 엄마의 느낌이나 생각을 전하는 것이므로 아이는 충격을 받거나 상처받지 않는다.

### Do-Message

가능하다면 아이의 '존재'가 아닌 '행위'에 초점을 맞추는 Do-Message를 사용한다. 존재에 대한 초점은 모호하고 주관적이지만 행동은 사실적이고 구체적이다. 예를 들어 "너는 너무 게을러"라는 말보다는 게을러 보이는 아이의 구체적인 행동을 말해주는 게 효과적이다. "가방을 정리하는 데 10분이 걸렸네"라는 사실적인 표현이 이해하기 쉽다. "도대체가 정신머리가 없어!"라는 말보다는 "외투를 놀이터에 벗어두고 왔네. 이번이 두 번째야. 어떻게 하면 잊어버리지 않고 물건을 챙길 수 있을까?"라고 말하는 게 바람직하다. Do-Message를 사용할 경우, 오해와 갈등을 줄이는 데 실질적인 효과가 있다. 먼저 아이의 행동을 주의 깊게 살펴보고, 그 행동에 대해서만 구체적으로 표현해주는 게 좋다. 이때는 행동에 대한 평가나 판단 없이 사실 그대로만 전하는 게 중요하다. 마찬가지로 아이에게는 행동에 대한 변화를 요구하는 게 바람직하다.

"어른을 보면 예의 바르게 굴어야지." (×, '예의 바르다'는 모호하고 불분명하다)
"어른을 볼 때는 '안녕하세요'라고 인사를 하는 거야." (○, 구체적인 행동은 오해의 여지가 없다)

"친구들 앞에서는 당당해야지!" (×, '당당하다'도 여러 의미로 해석이 가능하기에 모호하다)
"친구들 앞에서는 목소리에 힘을 주고 차분하고 단호하게 말하는 게 좋아." (○, 당당한 행동에 대한 구체적인 설명이 효과적이다)

# 엄마의 마음을 제대로 전달하는 3F 전략

## Fact → Feeling → Fair Request

지금까지의 내용을 토대로 엄마의 마음을 효과적으로 전달하는 방법을 소개하고자 한다. 영어의 각 이니셜을 따서 '3F 전략'이라고 이름 붙였다. 아이가 오해하지 않도록 엄마의 마음을 잘 전달하는 데도 기술이 필요하다.

### : Fact_ 사실 그대로를 말하라

먼저 엄마에게 부정적 감정을 불러일으킨 아이의 행동을 사실

대로 전달하되 최대한 구체적으로 기술한다. 아이는 자신의 어떤 행동이 엄마에게 영향을 미치는지 구체적으로 알 필요가 있다. 이는 아이 스스로 변화를 위해 무엇을 해야 하는지 명확한 가이드라인을 제공한다. 이때 엄마는 비난이나 평가 없이 있는 사실 그대로만 담백하게 말해야 한다. 신호를 위반했을 때 교통경찰이 다가와 위반한 사실 그대로만 전달하는 것과 같다. 만약 교통경찰이 대뜸 욕을 하거나 비아냥거린다고 생각해보라. "어이, 아줌마! 운전을 그따위로 하면 어떡해요?"라고 말한다면? 신호를 어긴 것은 명백한 사실이나, 이조차도 인정하고 싶지 않고 반격하고 방어하고 싶어진다. 어느 순간 나의 잘못은 자취를 감추고 교통경찰과 막무가내로 싸우고 있는 자신을 발견할지도 모른다. 이처럼 아이는 엄마가 자신의 행동에 대해서만 가감 없이 말할 때는 수긍하고 인정하지만, 만약 자신을 비난하거나 비판하면 그 즉시 반격하거나 방어하고 싶어진다. 이때 아이의 잘못된 행동은 쥐도 새도 모르게 자취를 감춰버리고, 결국 아이도, 엄마도 언짢은 상태로 끝나기 쉽다.

"방이 돼지우리처럼 이게 뭐야?" (×, 돼지우리는 평가나 비난이다)

"방이 어질러져 있네. 책이 침대 위에 있고, 책상 위에 우산이 있네." (○, 구체적인 사실만 전달한다)

“엄마를 무시하는 거야?” (×, 무시도 엄마의 평가나 판단이다)

“엄마가 여러 번 불렀는데 대답을 안 했어.” (○, ‘여러 번이나’라고 하지 않는다)

이미 눈치를 챘겠지만, 앞서 몸 맞춤에서 배우고 연습한 것을 적극적으로 활용한다고 보면 된다. 비난이나 평가 없이 꾸준히 아이를 잘 관찰해온 엄마라면 ‘Fact 단계’는 식은 죽 먹기다.

## : Feeling_ 엄마의 진짜 감정을 말해줘라

팩트를 전달한 다음에는 아이의 행동으로 인해 발생한 엄마의 감정을 솔직하게 표현한다. 이때는 되도록 엄마의 진짜 감정을 표현하는 게 중요하다. 진짜 감정에는 엄마의 욕구나 바람이 숨어 있으며, 아이에게 무엇을 요구할지는 엄마의 욕구에 근거하기 때문이다. 아이의 행동으로 인해 화가 났다면 화 아래에 가라앉아 있는 진짜 감정이 무엇인지 찾아야 한다. 물론 화가 당연한 1차적 감정이라면 그대로 표현한다. 이때는 표출이 아니라 표현임을 잊지 말라. 표출은 감정적으로 행동하는 것을 일컫는다. 반면에 표현은 자신의 마음을 솔직하게 말하는 것으로 감정적인 행동이 아니라 이성적인 상태에서의 행동이다.

아이의 어질러진 방을 보면 엄마는 화가 난다. 그러나 화는 가짜 감정인 경우가 많다. 화 아래에 엄마의 진짜 감정이 숨어 있다. 몇 가지 예를 들어보자.

- **예시①** 먼지나 세균 등이 너에게 영향을 미칠까 봐, 마음이 너무 불편하고 걱정이 돼.
- **예시②** 혹여 정리 정돈이 어려워서 다른 일에도 영향을 미칠까 봐, 심란하고 염려돼.
- **예시③** 엄마가 해야 할 일이 늘어나는 것 같아서 피곤하고 답답해.

이해를 돕기 위해 3가지 엄마의 감정을 예로 들었다. 엄마마다 아이의 어질러진 방을 볼 때 다른 감정을 느낀다. 대체로 어질러진 방을 보는 순간에 욱하고 화가 치밀어 오르지만, 화 아래에는 걱정이나 불안, 혹은 답답함이나 무력감 등이 숨어 있다. 자신의 마음이 어떤지를 정확하게 알아차리고 표현하는 게 중요하다. 엄마마다 욕구와 가치가 다르기에 감정 또한 다르다. 따라서 자신 안의 감정에 귀를 기울이고 감정이 보내는 메시지를 정확하게 알아야 한다.

Feeling 단계는 눈 맞춤 단계를 참조하면 도움이 된다. 앞서 3장에서 자신의 감정을 돌보거나 다루는 법에 대해 설명했다. 자신과의 눈 맞춤이 바로 이 단계라고 보면 된다.

## : Fair Request_ 엄마가 원하는 바를 정중하게 요청하라

마지막으로 엄마가 원하는 걸 정중하고 부드럽게 부탁한다. 일반적으로 우리는 불만에 대해서는 솔직하고 공격적으로 말하지만, 진짜 필요한 걸 말해야 할 때는 주저하거나 꺼린다. 설상가상으로 많은 엄마들은 자신이 정말 원하는 게 뭔지 모른다. 그러다 보니 자신의 욕구를 일반화해버리거나 헛다리를 짚는다. 따라서 엄마에게는 자신의 욕구는 물론 감정 등을 제대로 알아차리고 전달하는 연습이 필요하다.

필요와 욕구를 말할 때는 아이의 태도가 아니라 행동에 초점을 맞춰야 한다. 이때 행동은 구체적이어야 한다. 예를 들어보자. "앞으로는 일찍 들어왔으면 좋겠어"는 어떤가? 엄마와 아이가 생각하는 '일찍'에 대한 개념은 다를 수 있다. 분명하고 명확하게 시간을 제시하는 게 중요하다. "앞으로는 저녁 8시 전까지 들어왔으면 좋겠어"가 더 적당하며 서로 간에 오해가 생기지 않는다. "엄마를 존중했으면 해"는 어떤가? 아이는 아마도 엄마를 존중하고 있다고 생각할지도 모른다. 태도에 대한 이야기는 모호하고 주관적이라 혼동을 불러일으킨다. 따라서 엄마가 원하는 '존중하는 행동'을 콕 찍어서 말해주는 게 현명하다. 예를 들어 "엄마에게 존댓말을 사용했으면 해"와 같이 구체적인 행동을 요청해야 한다. 앞에서 어질러진 아이의 방을 보며 다음과 같이 요청할 수 있다.

- **예시①** 적어도 교복만이라도 옷걸이에 걸어서 옷장에 넣어뒀으면 좋겠어.
- **예시②** 침대 위에는 아무것도 올려두지 않았으면 해.
- **예시③** 책은 책상 위에만 뒀으면 좋겠어.

앞선 예시에서 "방을 깨끗이 치워라!"나 "싹 다 정리해!"라고 하지 않았다는 것에 주목하라. 한 번에 한 가지를 요청하되, 엄마에게 가장 불편하거나 힘든 부분부터 시작하는 게 좋다. 이때 '한 가지'는 가능한 구체적이고 지엽적이며 아이가 실천 가능한 범위여야 한다. 즉, '방을 치워라'보다는 어질러진 방에서 한 군데를 정확히 지적해 치우도록 하는 게 바람직하다. 그 외는 엄마가 함께 도와주면 된다. 이렇게 한 가지가 익숙해지면 그다음 단계로 넘어갈 수 있다.

아이의 행동을 변화시키는 데는 많은 시간이 요구된다는 사실을 잊지 말아야 한다. 중요한 것은 엄마를 가장 화나게 하고 힘들게 하는 일을 선택해 그것부터 시작하는 게 좋다. 엄마 스스로 원하는 것을 알아차렸다면 구체적으로 요청을 하되, '~해라'가 아니라 '~했으면 좋겠어'로 부드럽게 해야 한다. 엄마의 요청을 들어줄지 말지, 즉 행동을 바꿀지 말지에 대한 선택은 아이의 몫이다. 인간은 억제의 힘Strength of Inhibition이 욕구의 힘Strength of Need보다 크거나 동일하면 절대 행동하지 않는다. 즉, 누군가 억지로 시켜서 하는 것이 아니라 조금이라도 자신이 하고자 하는 마음이 일어야 움직인다는 의미다. 역정을 내거나 비난하면서 당위적 형태로 요구하는 대신, 엄마가 진심을 전달할 때 궁극적으로 아이의 행동이 변하기 쉽다. 예를 들어 지금 당장은 옷장에 옷을 걸어두지 않더라도 엄마의 말을 떠올리면서 아이는 마음이 서서히 불편해지기 시작한다.

거듭 강조하지만 행동이 변하는 데는 오랜 시간이 걸린다. 특히 아이들의 경우 예열 시간이 어른보다 훨씬 더 길다고 봐야 한다. 따라서 엄마는 다그치거나 혼을 낼 게 아니라 기다려줘야 한다.

## : 3F 전략 실제 사례_ 컴퓨터 게임 좀 그만해!

중학교에 다니는 아들이 며칠 전부터 컴퓨터 게임에 빠져 있다. 하루에 3시간 정도는 족히 하는 것 같다. 평소와 달리 시간이 늘어난 것은 물론이고 새벽 시간에도 하는 듯하다. 시험이 당장 코앞인데 아들을 보는 엄마의 마음은 타들어간다. 그런데 컴퓨터 게임을 하는 아들은 마음이 불편해 보이지 않는다. 아들을 보는 엄마 속만 터진다. 이럴 때는 엄마의 불편한 마음을 솔직하게 전달하는 게 중요하다. 이때 3F 전략이 필요하다. 먼저 아들이 엄마의 이야기를 들을 만한 상황인지 점검하는 게 중요하다.

사례

엄마: 영우야, 엄마가 영우한테 할 말이 있는데, 지금 시간이 어떠니?

영우: 괜찮아요. 무슨 말인데요?

엄마: 3일 전부터 영우가 컴퓨터 게임을 하루에 3시간 넘게 하는 걸 봤는데(Fact), 볼 때마다 엄마 마음이 쪼그라드는 것처럼 느껴져. 시험이 얼마 남지 않았는데 공부에 방해가 될 것 같기도 해서 불안하고 초조해(Feeling). 그래서 말인데, 엄마는 영우가 컴퓨터 게임을 하는 시간을 줄였으면 해. 하루에 1시간은 절대 넘지 않았으면 좋겠어(Fair Request).

앞선 사례는 평소 게임을 하지 않던 아이가 갑작스레 게임을 하는 경우다. 이때는 엄마의 솔직한 감정과 불안을 털어놓는 게 효과적이다. 그러나 게임에 과몰입된 아이라면 이야기가 달라진다. 사실 많은 엄마들이 아이의 게임이나 스마트폰 사용 시간 때문에 골머리를 앓는다. 이처럼 말한다고 해서 아이가 금방 엄마 말을 들어줄 거라고 기대하지 않는다. 그래서 엄마들은 아이에게 좀 더 강력한 한 방이 있어야 한다고 생각한다.

게임은 아이에게 하나의 도피처일 수 있다. 어른들이 마음이 괴롭거나 힘들 때 술에 의존하는 것처럼 아이들에게 게임은 어쩌면 술과 같다. 하는 동안은 시간 가는 줄도 모르고 마냥 신나고 즐겁다. 물론 게임에서 지고 있거나 마음대로 안 될 때는 짜증이 나기도 하지만, 그마저도 다 용서가 될 정도로 게임이 지닌 위력은 대단하다. 문제는 게임에 지나치게 의존하는 상태라면 치료가 필요하다는 점이다. 그때는 이미 엄마의 말 한마디로 효과를 볼 수 있는 선을 넘었다.

부모 세대가 어렸을 때 들판이나 골목에서 하던 놀이가 이제는 컴퓨터 속으로 축소되어 들어가버렸다. 그 속에서 아이들은 현실과는 다른 삶을 살아간다. 요즘 게임은 RPG Role Playing Game(역할 수행 게임)다. 즉, 아이가 해당 게임에 등장하는 한 인물이 되어 역할을 수행하는 유형이 대부분이다. 간단히 말해 게임은 영화와 같아서 영화 속 캐릭터를 연기하는 것이다. 게임 속에서 나는 마법사도 될 수 있고 소대장도 될 수 있다. 아이들이 게임을 멈추기 어려운 이유는 재미있기 때문이다. 어느 정도 하다 보면 질리거나 지루해질 거라고 기대해서는 안 된다. 하면 할수록 빨려 든다. 모든 게임에 중독 요소가 조금씩 가미되어 있다는 건 전직 게임 개발자가 밝힌 사실이다.

엄마가 관심을 둬야 할 점은 게임을 하는 아이의 행동이 아니라 게임을 할 수밖에 없는 아이의 마음이다. 아이가 그토록 게임에 매달리는 이유는 게임이 아이의 마음을 채워주기 때문이다. 즉, 현실에서 채워지지 않는 욕구를 게임 세상에서 충족하면서 그나마 숨을 쉬며 살아간다. 겉보기에 게임을 하는 행동은 모두 같지만, 게임을 하는 아이의 마음은 다 다르다.

아이①

현실이 지루하다. 할 게 없다. 집-학교-학원-집을 다람쥐 쳇바퀴처럼 돌고 있다. 그나마 게임은 다르다. 게임에 접속만 해도 오케스트라의 웅장한 배경 음악이 나의 가슴을 방망이질한다. 게임 속 세상은 예측이 불가능할 정도로 흥미진진하다. 게임을 할 때만 가슴이 뛰고 흥분이 된다. 신나고 즐겁다!

아이②

성적이 도무지 오르지 않는다. 시험만 보고 나면 나는 엄마의 나쁜 자식이 되어버린다. 아무리 노력해도 결과가 좋지 않다. 현실에서는 무기력을 느끼지만 게임에서는 다르다. 게임 세계에서는 시간과 공을 들이는 만큼 정직하게 레벨이 올라가고 아이템이 쏟아진다. 현실에서 나는 별 볼 일 없는 그저 그런 놈이지만 게임에서만큼은 '고렙'이다. 친구들은 나를 우러러본다.

아이③

현실에서는 나와 어울리는 친구가 없다. 친구를 만나서 놀 시간도 없지만 친구를 사귀는 것도 어렵다. 하지만 일단 게임에 접속하면 친구들이 넘쳐난다. 게임보다도 게임 속에서 채팅을 하는 게 더 즐겁다. 이 친구들은 내 마음을 알아준다.

앞선 사례 외에도 여러 가지 다른 욕구들이 더 있을 수 있다. 이처럼 아이들은 현실에서 채워지지 않는 욕구를 게임 속에서 채워가면서 만족감을 얻는다. 처음에는 단지 심심해서, 친구랑 놀고 싶어서, 레벨을 올리고 싶어서 시작했는데 할수록 빠져드는 게 게임이다. 결국 자신이 왜 게임을 하는지도 모른 채 게임 속에 풍덩 빠져서 헤어 나오지 못한다. 게임 세상에 볼모로 잡혀 있는 아이를 구해오려면 엄마에게도 전략이 필요하다. 일단 아이의 게임하는 행동은 뒤로 밀쳐두고 게임하는 이유를 살피는 게 먼저다. 앞선 사례처럼 엄마의 솔직한 마음을 그대로 전하고 아이의 마음을 들어볼 필요가 있다. 게임을 하는 아이의 마음이 어떤지, 아이의 욕구가 무엇인지 공감하는 태도로 들어준다. 그러다 보면 아이의 마음이 만져진다. 아이의 감정은 그대로 수용하되, 행동에 대해서는 함께 해결책을 고민해봐야 한다. 욕구를 제대로 파악해야 문제 해결에 접근이 가능하다. 지루해서 시작했다면 현실에서 아이가 즐길 만한 취미를 갖게 해줘 건강한 방식으로 자신의 지루함을 털어낼 수 있도록 한다. 또는 성취감이나 힘에 대한 욕구가 강한 경우라면 공부뿐만 아니라 아이가 잘하고 있는 점들에 대해서 면밀히 살펴 그 부분을 강화시켜주는 것도 방법이다. "게임이 밥 먹여주냐? 공부도 못 하는 게 한심하기 짝이 없네"라고 아이를 비난하거나 조롱하면 안 된다. 친구 관계를 중요하게 여기는 아이라면 동아리나 친구 모임을 좀 더 적극적으로 알아볼 수 있다.

아이의 행동 이면에는 그 행동을 하도록 만든 원인이나 이유가 있다고 이미 앞에서 밝힌 바 있다. 엄마는 아이의 행동을 비난하거나 꾸짖는 게 아니라 아이 마음을 찾아 들어가야 한다. 이게 아이와의 마음 맞춤이다. 엄마의 시선은 언제나 아이의 마음에 고정되어 있어야 한다. 앞서도 말한 바 있지만, 다음의 3가지 질문을 놓치지 말고 끊임없이 스스로에게 던져야 한다.

- 지금 우리 아이에게 무슨 일이 일어나고 있는 걸까?
- 우리 아이에게 가장 필요한 게 뭘까? 아이가 원하는 게 뭘까?
- 우리 아이를 도울 수 있는 방법은 뭘까?

# 당신은 이미 엄마인 걸로 충분하다

분명히 첫 시작은 아이들과의 갈등으로 지쳐 있거나 육아의 늪에서 힘들어하는 엄마들을 위한 일이었다. 그런데 어느 순간 글자 하나하나를 엮으면서 반성하는 나를 발견한다.

'우리 집에서 반경 5km 내에서는 강연을 하지 않는다.'

부모 교육 전문가로 활동을 시작하면서 다짐한 첫 번째 원칙이다. 그만큼 대놓고 자랑하거나 내세울 만한 엄마는 아니다. 딸들을 키우면서 보람찬 순간들도 많았지만, 얼굴이 화끈거리는 순간들도 못지않게 많다. 사실 자세히 들여다보면 문장과 문장 사이마다 후회와 아쉬움으로 얼룩져 있다. 그럼에도 불구하고 지현과 수현은 세상 어디에 내놔도 부끄럽지 않은, 자랑스럽고 사랑스러운 딸들이다. "엄마나 되니까 너희들을 이 정도로 키운 거야. 요놈들아"라고 수시로 농담을 던지지만, 그 말 이면에는 '부족한 엄마임에도 이렇게 잘 자라줘서 고마워'가 깔려 있다. 돌이켜 보면, 아이들의 성장에 내가 관여한 시간보다는 그들 스스로 경험하고 부딪치면서 배우는 게 훨씬 더 많았던 것 같다. 우리 아이들뿐만 아니라 강의나 상담에서 만난 수많은 아이들도 마찬가지다. 아이들에게는 창조성과 복원력이 있다. 어른과 달리 유연한 사고가 그들을 늘 새로운 세계로 이끈다. 때로는 현실의 벽에 부딪혀 좌절한다. 그러나 그들만의 방식으로 또다시 일어나 툭툭 털고 길을 떠난다. 엄마들은 모르는 아이들의 세계다. 그 세계가 온전히 인정받고 받아들여질 때 그들 안의 창조성은 맘껏 피어난다. 무엇을 하든 무엇을 느끼든 항상 자신이 있는 모습 그대로 환영받을 거란 기대가, 좀 더 나은 세상으로 그들의 등을 부드럽게 떠민다.

생각만 해도 설레는 이야기를 하나 해보자. 신이 여러분 앞에 오셨다. 그리고 말한다.

"너희 아이에게 가장 필요한 게 무엇이더냐? 딱 한 가지를 말하면 지금 당장 그 소원을 들어주겠노라."

지금 당장 한 가지 소원을 말해야 한다. 여러분은 무엇을 이야기하겠는가? 강의 중에 이런 질문을 하면 다양한 대답들이 돌아온다. 자존감, 끈기, 인내심, 인간관계 능력, 공부머리, 건강, 좀 더 솔직하게 스펙, 그리고 아주 솔직하게는 돈이라고 말한다. 그런데 요즘 들어 많이 등장하는 것이 바로 '회복탄력성'이다.

회복탄력성Resilience, 엄마라면 누구나 한 번쯤은 들어본 말이다. 21세기 성공의 키워드라 불릴 만큼 중요한 요소다. 회복탄력성은 1950년대부터 시작해 40년 이상 추적 연구한 바를 바탕으로 미국의 심리학자 에미 워너Emmy Werner가 발견한 개념이다. 그녀는 사회적으로나 경제적으로 열악한 환경에서 태어난 아이들 수백 명을 대상으로 '환경이 아이들에게 미치는 영향'을 밝혀내고자 했다. 당시 그녀가 선택한 곳이 바로 미국 내에서 가장 고립되고 낙후된 하와이 카우아이섬이었다. 대부분의 아이들이 환경에 굴복해 사회적으로 부적응적인 양상을 보인 반면에, 그렇지 않은 소수의 아이들이 있었다. 이들은 오히려 SATScholastic Aptitude Test(미국 대학 입학 자격 시험)에서 더 좋은 성적을 거두고, 사회적으로 성공해서 스스로 만족하는 삶을 살아가고 있었다. 놀랍게도 이들은 실험군 중에서도 고위험군에 속한 아이들이었다. 정상적인 성장이 도저히 불가능한 시궁창 같은 환경이라 해도 과언이 아니었다. 그렇다면 이러한 환경조차 막지 못한 이들의 성공은 어디에서 기인한 걸까?

그들은 다름 아닌 '회복에 탄력적인 아이들'이었다. 누구나 인생을 살면서 좌절과 역경을 경험한다. 이때 어떻게 받아들이고 극복하느냐에 따라 삶의 질이 달라진다. 회복탄력성은 흔히 유리공과 고무공으로 비유된다. 회복탄력성이 낮은 아이는 유리공과 같아서 바닥에 떨어지는 순간 와장창 깨지기 쉽다. '이럴 줄 알았어', '난 뭘 해도 안 돼', '생겨먹은 게 이따위인데 뭘 어쩌라고'라며 쉽사리 절망하고 포기한다. 반면에 회복탄력성이 높은 아이는 고무공과 같다. 나락으로 떨어지는 순간, 오히려 바닥을 발 구름판 삼아 더 높이 튀어 오른다.

'어쩌면 이건 또 다른 기회야.'

'역경은 거꾸로 하면 경력이잖아. 이건 내 삶에 있어서 필연적인 경험이야.'

'이 경험을 통해 나는 어떻게 성장할 수 있을까?'

이처럼 스트레스나 역경 등에 대해 자신의 내적, 외적 자원을 효과적으로 활용할 수 있는 능력이 바로 회복탄력성이다. 이는 정신적인 면역성이다. 회복탄력성이 높은 아이들은 매우 적극적이고 활력적이며 긍정적 자아 개념을 갖고 성취 지향적인 삶을 살아간다.

많은 학자들은 회복탄력성이 선천적으로 타고나는 것이 아니라 후천적으로 배양되는 능력임을 밝혔다. 그렇다면 우리 아이의 회복탄력성은 어떻게 키워줄 수 있을까? 연구에 의하면, 회복탄력성이 높은 아이들에게는 다른 아이들에게 없는 딱 한 가지가 있었다. 바로 '단 한 명의 어른'이다. 그들 인생에서 만난 '단 한 명의 어른'은 아이를 무조건 지지하고 격려함으로써 아이에게 심리적 완충제 역할을 했다. 이들은 아이 스스로 자신이 사랑과 보살핌 속에서 가치 있는 존재로 존중받고 있음을 깨닫도록 했다. 그리고 공동체 속에 소속되어 있다는 안전감을 줬다. 그렇다. 우리 아이의 회복탄력성을 키우려면, 이 책을 읽는 여러분이 바로 그 '단 한 명의 어른'이 되면 된다. 우리 아이를 탄력 있는 고무공으로 만들면 된다. 이 말을 듣는 순간 조급함에 무언가를 하려 든다면, 나의 대답은 '아무것도 하지 마라'다. 때로 엄마들은 아이를 위한다는 명목 아래 지나치게 자신을 혹사한다. 아이에게 선생님이 되고, 지도자가 되고, 훈련 코치가 되면서 엄마의 본질을 잃어버린다.

앞서 신의 이야기로 돌아가보자. 아이에게 끈기와 인내심을 길러주려고 날마다 책상머리에서 얼굴을 붉히며 싸우는 엄마, 건강하게 키우겠다는 일념 하나로 날마다 밥상머리에서 아이와 실랑이를 벌이는 엄마, 훌륭한 스펙을 쌓기 위해 생활비의 절반 이상을 퍼부으며 '아이를 위한 일'이라고 스스로 위안하는 엄마, 이게 과연 '단 한 명의 어른'일까?

수년 전에 만났지만 아직도 기억에 선명한 내담자가 있다. 상담 당시 병원으로부터 시한부 선고를 받은 상태였다. 이제 갓 마흔을 넘긴 그녀에게는 중학생 아들이 있었다. 학교에서 문제 행동을 일으키는 아들로 인해 찾아가는 상담이 의뢰된 경우였다. 아들은 검사 결과 스트레스가 극도에 달해 정서적으로 매우 불안정한 상태였다. 어디에도 의지할 곳이 없는 엄마는 자신이 없는 세상에 홀로 남을 아들이 걱정되어 하루하루가 불안했다. 남은 시간 아들에게 무엇이 가장 필요할까를 고민했고, 결론은 '공부'였다. 좋은 대학을 나와야 좋은 직장에 취직할 수 있고, 그래야 사람 구실을 하면서 경제적으로 넉넉한 생활을 할 수 있지 않냐고 나에게 반문했다. 없는 살림을 쪼개서 학원을 늘리고 성적을 칼같이 관리했다. 아들은 늑대에 쫓기는 어린 양처럼 엄마의 몰아치는 일과 속에서 이리저리 휘둘렸다. 코피를 쏟고 악몽을 꾸고 심지어는 이유 없이 토하기까지 했다. 시험 기간이 되면 3일간 제대로 잠을 못 잘 정도로 피폐해졌다. 그렇게 엄마와 아이의 남은 날들이 안타깝게 흘러가고 있었다.

사실 우리 사회가 엄마에게 요구하는 바는 세계 어느 나라와 비교해도 과도하다. 아이를 낳는 순간, 아니 임신하는 순간부터 고단한 양육이 시작된다. 기존에 머물던 익숙하고 편안한 환경에서 쫓겨나, 낯설고 불편한 '엄마의 길'로 들어선다. 나 또한 부모 교육 전문가 이전에 그 길을 조금 앞서 걸어본 선배 엄마일 뿐이다.

"너무 많은 걸 하려고 하지 마라. 이미 엄마인 걸로 충분하다!"

선배 엄마로서 여러분에게 꼭 하고 싶은 말이다. 그저 아이 곁에 있어주면 된다. 엄마는 그런 존재다. (선생님도, 지도자도, 훈련 코치도 아닌) 엄마인 걸로 충분하다. 아니, 엄마여야만 한다. 무엇을 어떻게 해야 할지 모르겠다면, 해야 할 게 너무 많아 지친다면, 우선순위를 고민해야 한다. 해야 할 무수한 일들 중에서 가장 첫 번째는 바로 '엄마밖에 할 수 없는 일'이어야 한다. 본질에서 벗어날 때 갈등이 시작되고 아이와 멀어진다. 20년 넘게 딸들을 키우면서, 그리고 10년 넘게 부모들을 만나 강의나 상담을 하면서 깨달은 진리다.

시한부 선고를 받은 엄마의 경우도 마찬가지다. 공부는 엄마가 아니어도 가능하다. 학교에서, 학원에서, 인터넷 강의를 통해서 아이가 마음만 먹는다면 방법은 얼마든지 있다. 집안일도 예외는 아니다. (이 엄마는 아들에게 집안일에 대해서도 혹독하게 가르쳤다) 인터넷을 열어 검색만 해보면 방법은 차고도 넘친다.

엄마밖에 할 수 없는 일, 그게 뭘까? 엄마가 아니면 안 되는 일, 그게 뭘까? 답은 '엄마의 존재'에 있다. 하루 단 5분만 아이가 엄마의 체온을 충분히 느끼도록 하자. 하루 단 5분만 우리 아이를 온몸으로, 온 마음으로 느껴보자. 하루 단 5분만 아이와 연결되어

보자. 아이가 엄마에게 달려올 때 두 팔 벌려 안아주자. 아이가 움츠리거나 주저앉을 때 말없이 어깨를 토닥여주자. 아이가 발을 동동 구르며 화를 낼 때 화가 빠져나갈 틈을 내고 묵묵히 기다려주자. 아이가 해야 할 말들로 끙끙댈 때는 아이의 말에 조용히 귀 기울이자.

혹여 이 글을 보면서 '엄마'에 갇히지 않기를 바란다. 아빠를 포함한 양육자 누구라도 가능하다. 앞서 언급한 에미 워너의 연구에 따르면 '단 한 명의 어른'이 부모가 아닌 경우가 더 많았다는 사실에 주목하라.

마지막으로 보잘것없는 나에게 선뜻 손 내밀어 잡아준 카시오페아 출판사와 민혜영 대표에게 깊은 감사를 드린다. '과연 이 책이 세상에 나올까?'라는 끊임없는 의심과 싸워야 했다. 이 책에 생명을 불어넣어준 것은 다름 아닌 민혜영 대표의 애정 어린 관심과 따뜻한 조언이다. 또한 이 책을 더없이 귀하게 여겨주고 아끼며 아름답게 옷을 입혀준 최유진 팀장과 함께, 애써준 모든 출판사 관계자들에게도 감사드린다.

11년 차 부모 교육 전문가가 알려주는 아이와의 본질적인 사랑 회복법

# 진작 아이한테 이렇게 했더라면

**초판 1쇄 발행** 2020년 9월 14일

**초판 3쇄 발행** 2021년 8월 5일

**지은이** 안정희

**펴낸이** 민혜영

**펴낸곳** (주)카시오페아 출판사

**주소** 서울시 마포구 월드컵로14길 56, 2층

**전화** 02-303-5580 | **팩스** 02-2179-8768

**홈페이지** www.cassiopeiabook.com | **전자우편** editor@cassiopeiabook.com

**출판등록** 2012년 12월 27일 제2014-000277호

**책임편집** 최유진

**편집** 최유진, 위유나, 진다영, 공하연 | **디자인** 고광표, 최예슬 | **마케팅** 허경아, 홍수연, 김철, 변승주

**외주 디자인** 강수진



**ISBN** 979-11-90776-17-2 03590

이 도서의 국립중앙도서관 출판예정도서목록(CIP)은 서지정보유통지원시스템(http://seoji.nl.go.kr)과 국가자료종합목록구축시스템(http://kolis-net.nl.go.kr)에서 이용하실 수 있습니다.

(CIP제어번호: CIP2020035010)